실습 및 사례중심
창의공학설계

이원섭 지음

GS인터비전

머리말

창의성은 일반적인 관점에서 시작한다. 새로운 사고의 발견으로 참신한 제품들이 탄생을 하는 것으로 창의적 사고의 사람들은 자신만의 독특한 형태로 진화시키고 새로운 것을 창조시킨다. 창의성은 고정관념, 편견에서 벗어나 자유롭고 새로운 관점으로 바라보고, 생각하는 일을 말하며 창의성은 삶의 질을 향상시키는 역할을 한다.

과학은 인간의 호기심을 충족시키는 것으로 충분하지만 공학은 더 우수하게 만들어야만 한다. 공학은 좀 더 나아질 수 있을까를 연구하고 개발하는 학문이다.

본 교재의 특징은 공학설계 접근방법은 창의적 발상과정에서 아이디어를 제안하고 제안된 내용을 실제 제품설계와 제작과정으로 단계적으로 진행될 수 있도록 하였다. 제품설계제작 시 창의적 사고를 통하여 구체적인 창의성에 다가갈 수 있는 체계적인 준비과정과 진행과정을 거치면서 습득할 수 있도록 하였으며, 각 장을 사례 중심으로 다양한 주제에 대하여 쉽게 이해하고 창의설계 실제문제에 접근할 수 있도록 하였다. 특히 창의 기초설계는 대학생의 저학년이 주로 전공과목에 접근하는 단계이므로 공학적으로 쉽게 다가갈 수 있도록 하여 공학을 전공하지 않은 학생이나 실무자도 쉽게 이해하도록 그림과 사례중심으로 학습내용을 편성하였다.

제1장은 창의공학의 기초를, 제2장은 공학도들의 설계과정에 필요한 창의적 사고에 대하여, 제3장은 창의 공학 설계 발상과 발표사례를 중심으로, 제4장은 제품개발의 필수인 신제품디자인에 대하여, 제5장은 공학설계에 대하여, 제6장은 학생들의 시작품 사례를 중심으로, 제7장은 자료조사 및 특허 관련내용으로 구성하였다. 본서가 출판되기까지 수년간 많은 사례에 참여한 학생들에게 감사드린다.

끝으로 본서가 출판될 수 있도록 도와주신 GS인터비전 송기수 사장님을 비롯한 임직원에게도 감사드립니다.

저자올림

차 례

1장

창의 공학 입문

1.1 창의적 사고

상상력은 과거의 경험을 기초로 하여 앞으로의 행동을 계획 할 수 있도록 하는 새로운 표상을 만드는 능력으로 창의적인 사고력의 원동력이다. 상상력을 현실속의 분명한 창조적인 반영으로 발달시키려면 이전의 경험이 축적되어야 하고, 여러 가지 다른 심상을 새로운 상황 속에서 통합을 할 수 있는 능력이 있어야 한다. 또한 현실에서 일어날 수 있는 가능한 변화를 깨닫는 능력의 발달이 필요하다.

창의성(Creativity)에 대한 개념 정의는 여러 가지로 정의되고 있으나 유사한 개념으로 창의력, 창조성, 독창성, 독창력 등과 같은 말이 쓰이고 있다. 일반적으로 '무엇인가 기발하고, 지금까지 없었던 새로운 것을 만들어 내거나 생각해 내는 능력'이라는 뜻으로 해석되고 있다. 따라서 창의적 사고는 확산적사고와 수렴적 사고로 분류 한다.

그림 1-1 창의적 사고

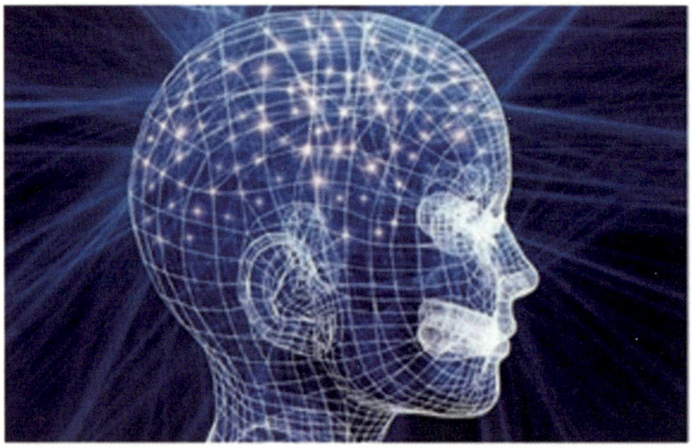

그림 1-2 창의적 방법

확산적 사고는 일정한 범주 안에서 많은 아이디어를 산출하는 능력인 유창성과 시각을 변환 시켜 다양한 아이디어를 찾는 능력인 융통성과 과거 경험을 기초한다. 또한 새로운 표상을 만드는 능력인 상상력은 주어진 문제를 세부적으로 검토하거나, 문제의 의미를 명확하게 파악하고, 보완하는 등 정교하게 다듬는 사고 능력인 정교성 그리고 자기만의 독특한 아이디어를 산출하는 능력인 독창성으로 분류해 볼 수 있다.

수렴적 사고는 어떠한 사실이나 상황의 옳고 그름과 좋고 나쁨을 가려내는 기능인 비판적 사고력과 생각의 흐름이나 생각의 연결, 생각의 순서 등을 앞뒤가 맞게 짜는 힘인 논리적인 사고력이다. 그리고 대상의 유사점과 차이점을 비교하고, 주어진 이야기의 이유, 결과, 방법 등으로 나누어 이해하는 능력인 분석적 사고력 그리고 넓은 내용, 많은 내용을 짧은 말이나 한 마디의 말로 요약하는 능력인 종합적 사고력으로 이해 할 수 있다.

1.2 창의적 발상법

브레인스토밍(Brainstorming)은 오스본(A.F.Osborn)에 의해 처음 소개되었으며 특정한 주제에 대해 두뇌(brain)에서 폭풍(storming)이 휘몰아치듯이 생각나는 아이디어를 많이 내놓는 것이다. 짧은 시간에 많은 아이디어의 생성이 목적이고 주로 집단토의에서 사용할 수 있으며, 수업 과정에서 접하게 될 사건에 대하여 가능한 모든 원인을 찾는데 사용해 볼 수 있다. 스캠퍼(SCAMPER)은 미리 문제해결의 착안점을 정해 놓고 그에 따라 다각적인 사고를 해 봄으로써 아이디어를 얻는 기법으로, 알렉스 오스본(Alex Osbone)이 소개하고 로버트 에벌리(Robert Eberle)가 재구성한 아이디어 촉진 발문법이다.

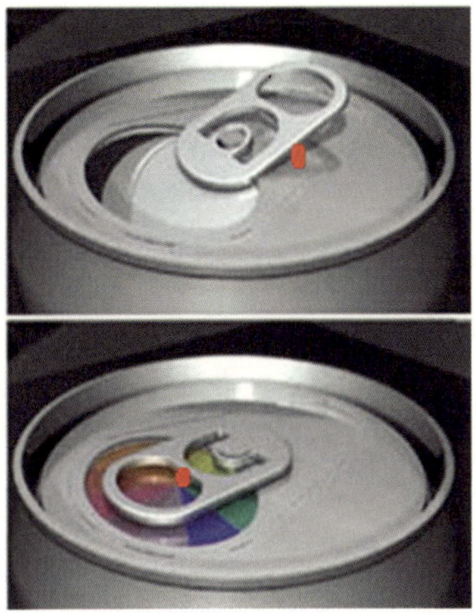

그림 1-3
창의적 발상

이 기법은 기존의 제품을 개선하거나 신제품을 만들어 낼 때 유용하다. 육색 사고모 기법은 영국의 심리학자 보노(Edward de Bono)가 고안한 기법으로, 이 기법은 학습자들이 여섯 가지 각기 다른 색의 모자를 쓰고, 자신이 쓰고 있는 모자 색깔이 의미하는 유형의 사고를 하게 하는 것이다. 즉, 자신의 생각을 버리고, 의도적으로 다른 생각을 하게 함으로써 폭넓은 사고력을 신장시키게 하는 기법이다. PMI(Plus, Minus, Interesting) 기법은 제안된 아이디어의 장점(P), 단점(M), 흥미로운 점(I)을 따져 본 후 그 아이디어를 평가하는 기법으로 하나의 아이디어에 대해 집중적으로 분석해 보고자 할 때 간단하면서도 효과적으로 활용할 수 있는 기법이다.

1.3 창의적 설계

① 개념설계

문제에 대한 가능성 있는 해, 설계사양, 만들어지는 제품의 유형에 따라 개념설계 활동을 (고유)설계,(변형)설계 (적응)설계로 분류할 수 있다. 고유설계는 제품의 신세대를 위한 개념설계이이고, 변형설계는 크기나 형상은 바뀌지만 작동윤리는 바뀌지 않는 설계, 적응설계는 설계사양의 변화를 만족시키기 위하여 제품을 변화를 주는 설계를 말한다.

표 1-1

창의적 설계	내 용
고유설계(Original design)	새로운 개념, 제품
변형설계(Variant design)	기존제품에 작동원리, 기능은 유지, 구성만 변화
적응설계(Adaptive design)	작동원리 유지, 문제의 해결을 위해 제품 변화

② 창의 설계 순서

표 1-2

설계 순서	설계내용
문제의 영역 정립	고객요구
문제의 정의	설계사양
개념설계의 고안	실용성 brainstorming, 특허문헌 검색
개념설계의 분석 및 평가	비용과 성능 평가
제품설계의 개발	CAD/CAM 등 이용 개발

③ 창의 설계 과정

표 1-3

사고방법	내 용
연역적 사고	두 개의 전제로부터 하나의 결론을 도출하는 방식의 사고로, 일반적으로 삼단논법을 의미. 대개 보편적이고 일반적인 원리나 전제로부터 특수한 사실을 이끌어내는 사고 추리.
창의적 사고	연역적 사고의 반대 개념 즉 어떤 대상에 대하여 기존의 내용을 발전시키거나 새로운 내용으로 만드는 이성의 작용.

④ 창의적 노력을 저해시키는 장애

표 1-4

종류	내 용
문화적 장애	질문 억압, 변화 싫어하는 전통
환경적 장애	부적절한 물리적 환경, 비판 동료
감정적 장애	아무 생각이 없음, 비판 싫음
지식적 장애	제한된 교육 배경, 취약한 정보 배경
지각적 장애	진부한 생각
기술적 장애	제조과정의 낙후

⑤ 문제정의

표 1-5

정 의	내 용
문제 정의문 작성법	■ 문법에 맞는 문장 작성 ■ 문장을 간결하게 작성 ■ 긍정문으로(부정문 보다) 작성 ■ 능동형 문장(수동형 문장 보다) 작성
프로젝트 수행 문제정의	■ 팀을 정의 ■ 문제의 주제 선택 ■ 문제의 주체에 초점을 맞춤 : 좋은 주제, 발산적 질문. ■ 정보와 소비자 데이터 준비 ■ 정보 분석 : 파레토 도, 브리핑 준비 ■ 문제 정의문 개발

1.4 아이디어제품과 신제품

아이디어 평가의 목적은 아이디어의 수를 축소시켜 나가는 데 있다. 아이디어 평가 과정에서 좋은 아이디어임에도 불구하고 제외되거나 부적절한 아이디어가 채택되는 2가지 오류가 발생할 수 있음에 유의해야 한다. 신제품 아이디어들을 평가하기 위한 기준으로 신제품의 특성과, 각 기준별로 세부적인 항목들을 기술하고 있다. 이와 같은 세부적인 항목들은 상품과 기업이 처한 시장상황에 따라 달라질 수 있다. 평가기법을 선택할 때 객관성, 정확성, 편의성이 기준이 되기 쉽다. 평가의 주제나 목적에 따라 평가기법이 달라져야 한다.

① 개념에서 형태로(Concept to Form),
② 평가에서 디자인으로(Evaluation to Design),
③ 조각 아이디어에서 전체 아이디어로(Piece to Synthesis)

표 1-6 다양한 아이디어

아이디어	내 용
더하기	튜브-튜브
모양 바꾸기	숟가락 달린 스트로우
반대로 하기	땅 팽이-하늘 팽이
용도 바꾸기	공기 방석 -자동차 햇빛 가리개
아이디어 빌리기	스티커 우표->스티커 봉투
재료 바꾸기	유리제품->플라스틱 제품
큰 것을 작게 하기	차 드렁크->접는 자전거
작은 것을 크게 하기	큰 빨래 ->대형 세탁기

표 1-7 평가검사

평가검사	내 용
객관적 검사	지식, 이해력, 적용력의 평가에 유용, 논문형 검사나 프로젝트
결과물 검사	사고와 아이디어를 조직하고 표현하는 능력의 측정에 유용

표 1-8 아이디어 과정

아이디어 과정	내 용
아이디어의 구상 과정	(문제) 발견 → 문제 (해결) 정보 수집 → 문제 해결 (아이디어) 구상
아이디어의 구체화 과정	(스케치)하기 → (도면) 그리기 → (시제품) 만들기 → (평가)하기

표 1-9 아이디어 제품 평가

아이디어 판단	내 용
기존제품과 아이디어 비교	독창성과 고객이 원하는 아이디어인지 판단
심플한 고객중심의 아이디어	고객이 쉽게 이해하고 관심을 갖는 아이디어인지 판단
제품환경 적합성	주변환경과 아이디어관계 판단
제품의 실용성	제품의 실용성 아이디어
제품의 확장성	제품의 확장 가능성 판단

표 1-10 아이디어 제품 개발과정

아이디어 개발단계	내 용
아이디어 제안단계	대상을 정한 아이디어 특성열거법을 이용하여 대상의 문제를 찾아내는 과정
아이디어 대상 정보수집 단계	문제의 해결 방안을 찾기 위한 정보를 수집하는 과정
아이디어 구체 해결 단계	문제 해결 정보 수집 과정에서 얻은 정보, (브레인스토밍), (발명 기법) 등을 활용하여 문제 해결 아이디어를 구상하는 과정
아이디어 설계 단계	대상에 문제 해결 아이디어를 적용한 새로운 제품을 도면화 및 설계를 하는 과정
아이디에 시작품 단계	제품을 제작하기 전에 시제품을 만드는 과정
아이디어 성능 시험 과정	시제품으로 시험을 수행하는 과정
종합 평가 과정	아이디어 제품을 평가하여 새로운 개선 방향과 활용 방안을 찾는 과정

[실습과제]

다음 자유주제로 다양한 아이디어를 수행하고 내용을 정리하라.

아이디어	내 용
더하기	
모양 바꾸기	
반대로 하기	
용도 바꾸기	
아이디어 빌리기	
재료 바꾸기	
큰 것을 작게 하기	
작은 것을 크게 하기	

1.5 창의적 아이디어 창출 사례

CUTTING BOARD

LAPTOP

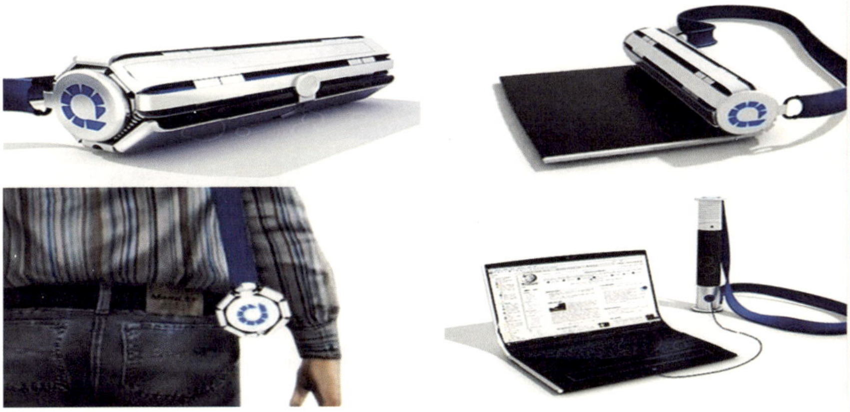

ON/OFF

KEEP MOUSE

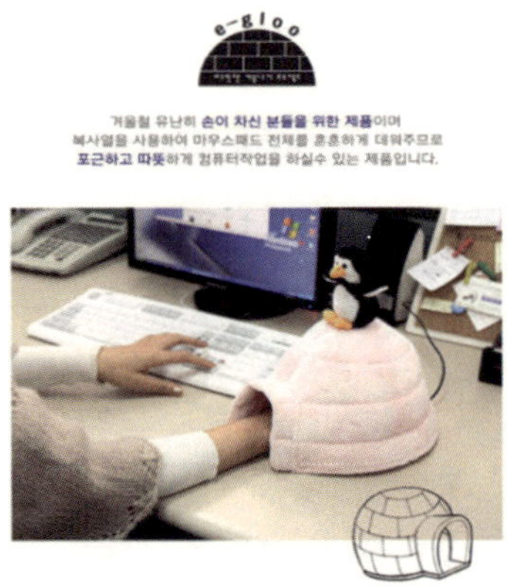

SPOON

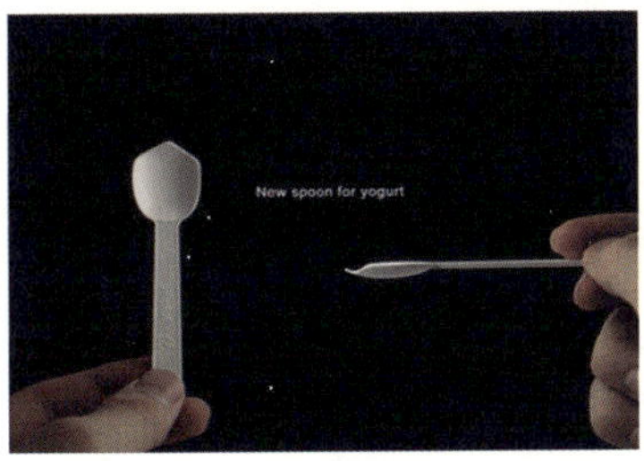

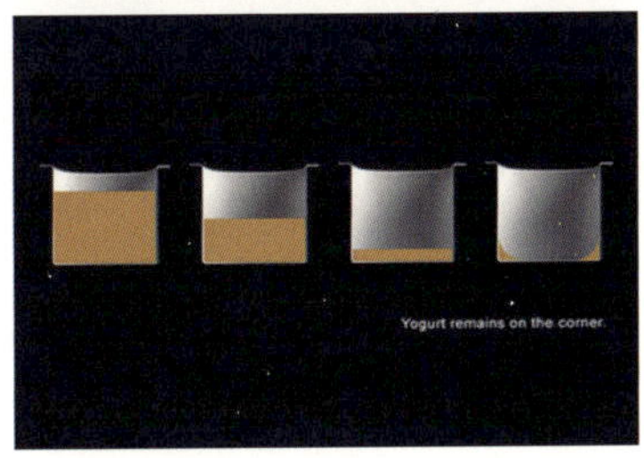

TEABAG

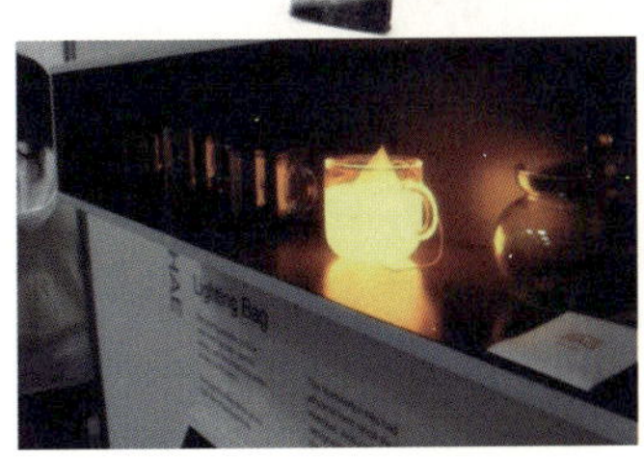

WASHING MACHINE

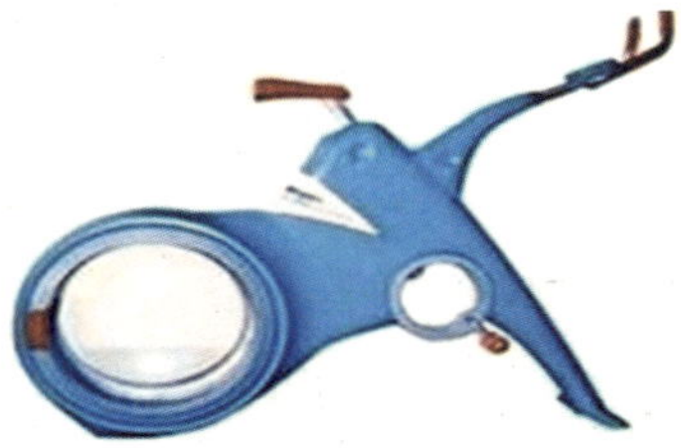

ETC..

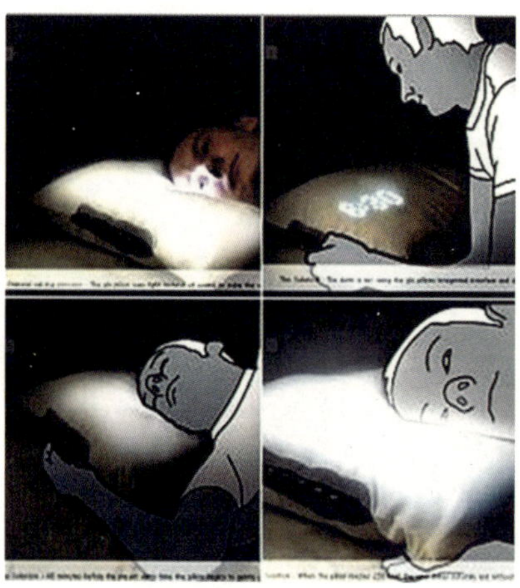

ETC..

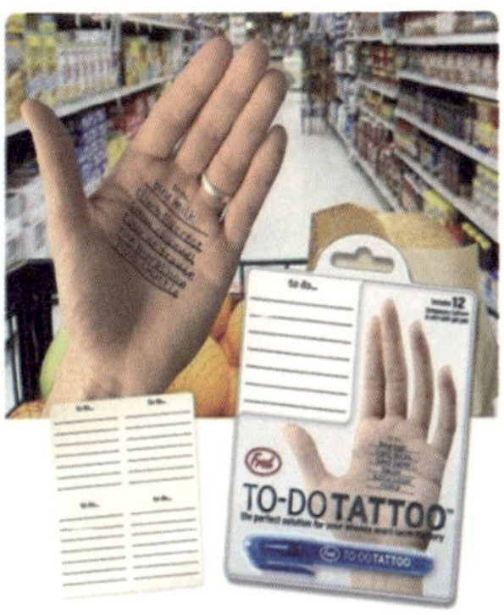

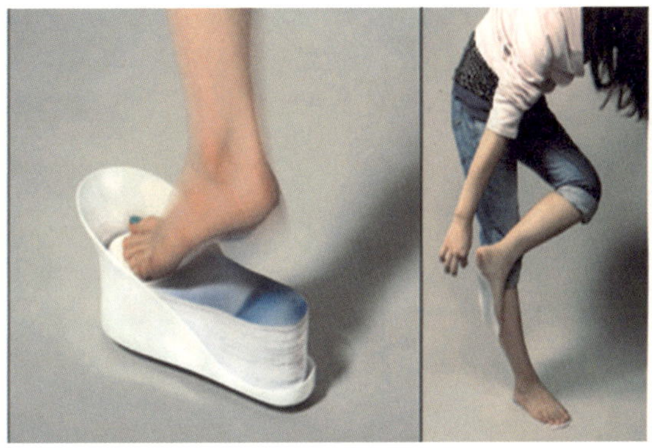

ETC..

ETC..

2장 창의 공학 사고

2.1 창의적 아이디어 발상법

1. 브레인스토밍(Brainstorming)

(1) 브레인스토밍(Brainstorming)법의 특징

유익한 아이디어를 창의적인 발상으로 접근하는 방법 중에 가장 많이 사용하는 브레인스토밍 기법은 유창성과 융통성 신장에 많은 도움을 준다. 또한 브레인스토밍 기법을 익히면 토론과 대화기술을 향상시킬 수 있으며 자유롭고 폭발적인 아이디어 산출을 보다 창의적인 활동으로 이끌어 갈 수 있다.

브레인스토밍은 미국 광고 회사의 사장인 오즈번이 고안했다. 그는 광고회사의 창립자 중 한 사람이며, 광고 제작의 책임자였다. 당시 광고 제작은 개인 작업이 당연시 되고 있었다. 하지만 그는 기존의 광고 제안을 창의적으로 자유롭게 광고의 발상으로 하기 위한 기본 규칙으로 집단 기법을 개발하였으며 이 방법은 정해진 룰을 가지고 진행함으로서 효과적인 결과를 얻을 수 있다.

(2) 브레인스토밍의 4가지 기본 규칙

브레인스토밍을 효과적으로 실천할 때 잊지 말아야 할 4가지 기본 규칙이 있다. 이 4가지 규칙은 확산 기법 그 자체의 기본적인 특징을 잘 나타내고 있다. 브레인스토밍의 기본 규칙과 진행절차는 아래와 같다.

① 판단보류 (Deferment-of-Judgment)
② 자유분방 (Free-Wheeling)
③ 질보다양 (Quantity yield quality)
④ 결합개선 (Combination and Improvement)

표 2-1 기본규칙

규 칙	내 용
비판금지 (Support)	아이디어를 내놓는 동안 어떤 아이디어라도 절대로 비판하거나 평가하지 않는다.
자유분방 (Silly)	아이디어가 비현실적이거나 터무니없는 것일지라도 모두 받아들여야 한다.
양산 (Speed)	좋은 아이디어를 얻기 위해서는 가능한 한 많은 아이디어가 요구된다.
결합과 개선 (Synergy)	두 개 이상의 아이디어를 결합하여 제3의 아이디어를 이끌어 낼 수 있도록 한다.

(3) 브레인스토밍 진행

브레인스토밍을 함에 있어서 해결해야할 주제나 문제를 명확하게 표현하지 못한 상태로 회의를 진행하는 것은 전략 없는 회사와 같다. 명확한 초점이 없다면 해결하기 위한 길을 헤맬 것이다. 이 문제를 해결하기 위해서는 예기치 않은 행운이나 한 사람의 천재가 있어야 문제를 해결할 수 있다. 그렇다면 여러 명이 모여 회의를 하는 것은 시간을 낭비이다. 브레인스토밍에 능숙한 이라면 주제나 문제를 잘 다듬어서 이야기한다.

이렇게 하기 위해서는 먼저 적절한 질문을 적절한 시기에 던질 줄 알아야 한다. 문제를 명확하게 묘사하여 사람들이 좀 더 쉽게 주제로 접근할 수 있게 함으로써 순조로운 브레인스토밍이 가능할 것이다.

브레인스토밍을 진행하기에 가장 알맞은 인원은 약 12명 정도이다. 이 중 한 명은 리더가 되고, 또 다른 한 사람은 기록원이 된다. 나머지 열 명이 아이디어를 내는 주 구성원이 되는 것이다. 멤버구성이 끝나면, 본격적인 회의에 들어간다. 이때, 자리배치는 ㄷ자형으로 하고, 커다란 명찰을 착용하도록 하여 상호간에 안면을 익히도록 주의를 기울이는 것이 중요하다. 일단 회의가 시작되면, 무엇보다 리더의 역할이 큰 비중을 차지한다. 리더는 회의의 규칙이나 원리를 충분히 이해하고 있어야 한다. 회의 진행자는 회의 문제를 사전에 검토하여 그 내용을 충분히 파악하고 있어야한다. 브레인스토밍은 기록원이 기록한 내용을 점검하고, 이를 통해서 아이디어를 얻어내는 작업을 끝으로 마무리 지어진다.

표 2-2 진행 절차

진행내용	방 법
모임규모	4-7명 정도
모임구성	다양한 구성원이 여러 시각을 갖고 다양한 아이디어가 산출되도록 한다.
모임 진행자	많은 아이디어를 말하도록 자유스럽게 진행한다
모임 기록자	발표 내용을 빠뜨리지 않되, 핵심 단어만 기록한다.
자유진행	아이디어 생성을 위한 시간이나 개수를 미리 정할 수도 있다.
내용정리	아이디어가 정리된 다음 하나씩 평가하는 과정을 거쳐 좋은 아이디어를 선택한다.

표 2-3 기법의 전개

진행내용	방 법
① **주제선택**	주제는 구체적인 것을 선택 하고 알기 쉬운 것으로 설정하는 게 중요하다.
② **자리배치**	참가자 전원의 얼굴이 보이도록 책상과 의자를 배치한다
③ **준비물**	칠판에 모조지를 붙인다든지 화이트보드를 준비하여, 나오는 아이디어를 펠트펜으로 쓴다.
④ **분위기 조성/진행**	진행을 맡은 사람은 4가지의 규칙을 확실히 지키며, 의견이 활발하게 전개될 수 있도록 쾌적한 분위기를 조성한다.
⑤ **다양한 전문가 구성**	참가자의 수를 10명 정도에 주제에 관한 전문가는 반수 이하로 구성하고, 다른 여러 분야의 전문가가 모일 수 있도록 한다.
⑥ **내용 기록**	발언을 기록할 때는 요약을 잘해야 한다. 키워드를 잘 사용하여 구체적으로 기술하도록 주의한다.
⑦ **휴식**	회의의 시간은 1시간 정도가 적당하다. 주제에 따라 다르겠지만, 시간이 늘어나면, 도중에 몇 분 휴식을 취하면 효과적이다.
⑧ **결과 평가**	브레인스토밍의 결과 평가는 하루 정도 지나고 나서 실시한다.

(4) 브레인스토밍의 사례

- ○ 토스터에 열의 강도를 바꾸는 장치.
- ○ 급 온기 부착 장치
- ○ 코드의 길이의 선택 조절.
- ○ 꼭대기에 조그만 빵 넣는 상자

(5) 브레인스토밍 법 활용 사례(개선)

① 신호등 개선 사례

지하철 출퇴근 시간 혼잡하고 성급한 시민들의 안전한 신호체계로 신호체계를 개선함.

② 신호등 신호체계 컬러로 의사 전달

- ○ 전철 신호등은 스크린도어와 신호등을 이용
- ○ 신호등이 초록 불 일 경우 걸어서
- ○ 신호등이 노란 불 일 경우 뛰어서
- ○ 신호등이 빨간 불 일 경우 절대 금지

③ 신호등 체계

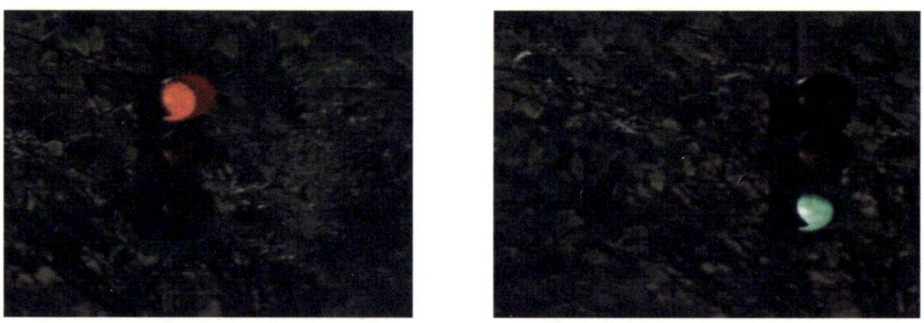

그림 2-1 혼잡한 출근/신호등 체계

④ 개선 안전 신호등

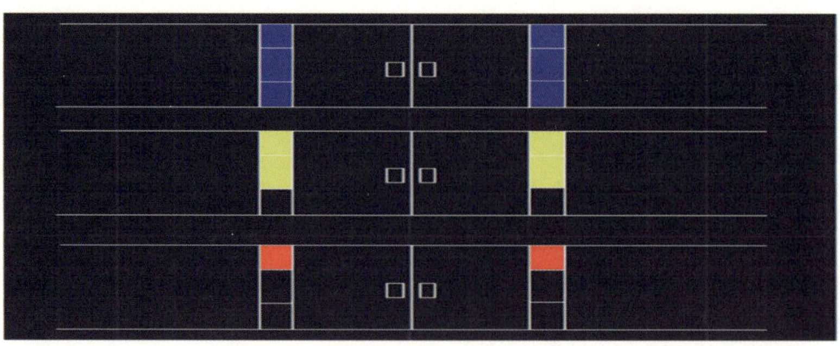

그림 2-2 발상 아이디어

실습 과제	내 용
과제명	브레인스토밍기법으로 이이디어 자유과제를 정하여 각 20개 이상을 제시하시오
준비사항	팀원: 조별구성 인원: 4-5명 주제: 팀별로 관심주제 설정
과제내용	

2. PMI(Plus, Minus, Interesting) 기법

(1) PMI법의 특징

제안된 아이디어의 장점(P), 단점(M), 흥미로운 점(I)을 따져 본 후 그 아이디어를 평가하는 기법으로 하나의 아이디어에 대해 집중적으로 분석해 보고자 할 때 간단하면서도 효과적으로 활용할 수 있는 기법이다.

PMI(Plus Minus interesting)는 좋은 점, 나쁜 점, 흥미로운 점 찾기로, Plus(좋은 점, 좋아하는 이유, 긍정적인 측면), Minus(나쁜 점, 싫어하는 이유, 부정적인 측면), Interesting(흥미로운 점)의 약자로서 E.de Bono가 개발한 CoRT(Cognitive Research Trust) 프로그램 속의 사고기법이다. 우리가 어떤 결정을 내렸을 때와 결정이 받아들여졌을 때 발생되는 득과 실을 분석해 본 다음 다시 그 반대의 결정을 내렸을 때 발생되는 득과 실을 놓고 그 중에서 내게 가장 이롭다고 생각되는 쪽으로 결정을 내리는 것을 말한다. 즉 문제의 장점과 단점을 각각 기록한 다음 이들 각각에 대한 문제 해결자 나름대로의 판단에 의해 이익이 되는 점을 찾는 방법이다.

(2) PMI법 진행

1) 진행 절차

① PMI의 의미를 집단 구성원들에게 설명한다.

② 각 영역별로 아이디어를 생성한다.

※ P를 고려할 때에는 P에만 집중 (M, I는 마음에 두지 않음) 한다.

③ PMI 결과를 발표한다.

④ PMI 결과를 논의한다.

표 2-4

단 계	내 용
Plus(강점)	제시된 아이디어의 좋은 점
Minus(단점)	제시된 아이디어의 나쁜 점
Interesting(흥미로운 점)	제시된 아이디어와 관련하여 흥미롭게 생각되는 점

표 2-5 PMI 사례 01: 아파트 엘리베이터 2대 운행을 1대로 개선 사례

단 계	내 용
Plus(강점)	◦ 초기비용이 적게 들 것이다. ◦ 공간 활용이 가능하다
Minus(단점)	◦ 더 많은 사람이 탈수 없다. ◦ 운행시간이 증가 된다
Interesting(흥미로운 점)	◦ 운행속도를 높이면 많은 사람이 이용할 수 있다.

표 2-6 PMI 사례 02: 공기저항부분 제거 사례

단 계	내 용
Plus(강점)	불필요한 부분을 잘라낼 공구 즉 줄 톱, 사포 등만 있으면 손쉽게 작업 할 수 있다.
Minus(단점)	작업을 하는 도중 손을 다칠 수 있으므로 조심해야 한다. 어느 부분을 깎아 내야 공기의 저항이 줄어드는지에 대한 전문 지식이 없다.
Interesting(흥미로운 점)	추가 비용이 들지 않아 부담 없이 작업 할 수 있다.

(3) PMI 활동 실습과제

다음 과제내용 PMI를 수행하고 내용을 정리하라.

① 수입차량 증가와 차량구매전략

단 계	내 용
Plus(강점)	
Minus(단점)	
Interesting(흥미로운 점)	

② 한류세계화

단 계	내 용
Plus(강점)	
Minus(단점)	
Interesting(흥미로운 점)	

③ 대학생 취업전략

단 계	내 용
Plus(강점)	
Minus(단점)	
Interesting(흥미로운 점)	

(3) PMI 활동 실습과제

실습 과제	내 용
과제명	PMI기법으로 이이디어 자유 과제를 정하여 각 20개 이상을 제시하시오
준비사항	팀원: 조별구성 인원: 4-5명 주제: 팀별로 관심주제 설정

과제내용	

3. 체크리스트법

(1) 체크리스트법의 특징

체크리스트(Checklist)기법은 어떤일을 생각할 때 누락되는 것이 없도록 하나씩 하나씩 체크해가기 위한 일람표를 가리킨다. 이러한 방법을 누가 처음 고안한 것일까. 정확한 대답은 불가능하다. 그것은 인류의 지혜, 혹은 자연발생적인 것 이라고 할 수 밖에 없다. 오즈번 리스트처럼 발상의 틀을 넓히기 위한 것이 아니고, 좀 더 실무적인 작업순서를 나타내는 리스트와 문제의 전체 모습을 묘사하는 속성리스트 등의 경우에 빠진 것이 없도록 항목을 모두 넣어두는 것이다. 체크리스트를 근거로 발상할 경우, 발상한 아이디어에서 반대로 체크리스트의 미비를 체크하는 것도 가능하다. 신제품 아이디어의 탐색과정은 체계적이어야 한다. 신제품 아이디어의 단서를 발견 하는 방법 그리고 창조적 집단을 활용하여 신제품 아이디어를 확보하는 방법이다 아이디어 평가를 통해 좋은 아이디어를 채택하고 그렇지 못한 아이디어는 버린다. 일반적으로 체크리스트를 이용하여 아이디어를 축소시키는 방법이 쓰인다. 체크리스트는 신제품 아이디어를 평가하기 위한 기준으로 일반적·마케팅·제품 특성으로 분류한다. 아이디어 평가과정을 통과한 매력적인 아이디어는 제품개념의 개발과 테스트를 통해 구체화한다. 제품개념은 제품 아이디어를 보다 구체화하여 소비자가 사용하는 단어로 전환시킨 것이다. 마케팅전략 수립은 대상 고객과 목표 이익을 정하는 표적시장과 마케팅 목표의 선정, 단기적인 마케팅전략, 장기적인 마케팅 전략이 있다.

신상품 개발이란 한마디로 팔리는 상품을 시장에 내놓는 작업을 말한다. 팔리는 상품은 상품력을 말하고, 상품력은 구매 전에 갖고 싶다고 생각하게 하는 힘과 구매 후 사기를 잘 했다고 생각하게 하는 힘으로 구성되어 있다.

(2) 기법의 전개

신제품 개발 프로세스

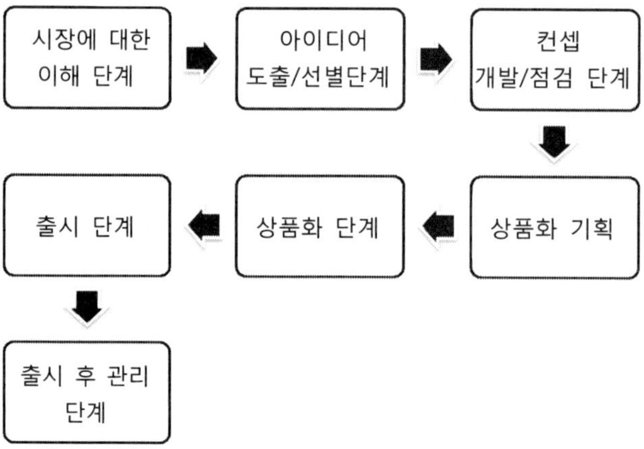

그림 2-3

발상을 위한 체크리스트는 최종적으로 자신에게 가장 적합한 것을 만들어내지 않으면 안 된다. 그러기 위해서는 자기 자신이 발상할 때 사용하는 생각 방법을 모두 들추어내고 다른 사람의 생각 방법도 많이 참고할 필요가 있다.

표 2-7 오즈번 발상 리스트

발상리스트	내 용
① 다른 전용	지금 그 상태에서 새롭게 사용할 수 있는 방법은? 개조해서 다른 사용 방법은?
② 다른 응용	무언가 모방할 것이 없을까? 누군가를 보고 배울 수는 없을까?
③ 변 경	새로운 변화는? 의미, 색, 움직임, 소리, 냄새, 양식, 형태 등을 바꿀 수 없을까?
④ 확 대	좀 더 시간이 필요한가? 빈도는? 보다 강하게? 보다 높게? 보다 길게? 보다 두껍게?
⑤ 축 소	무언가 감소시킬 수 없을까? 보다 작게? 농축? 미니어처화? 보다 낮게? 보다 짧게?
⑥ 대 용	무엇인가 대용할 수 없을까? 다른 재료는? 다른 소재는? 다른 제조 공정은?
⑦ 역 진	반대는 어떨까? 뒤로 역행하면? 상하를 뒤집으면?
⑧ 재 배 열	다른 패턴은? 다른 레이아웃은? 다른 순서는? 원인과 결과를 바꿔놓으면? 베이스를 바꾸면?
⑨ 결 합	합금, 진열, 앙상블은 어떨까? 유닛을 조합하면?

1) 적용사례

성냥의 아이디어를 예로 들어 () 안에 표시하면서 구체적으로 설명해보자.

발상리스트	내 용
① 다른 전용	점화용 → 성냥갑
② 다른 응용	가로형→원통형 성냥
③ 변 경	사각 → 원 삼각형 성냥
④ 확 대	큰 성냥
⑤ 축 소	미니 성냥
⑥ 대 용	나무 → 종이성냥
⑦ 역 진	초호화 성냥
⑧ 재 배 열	성냥개비 넣는 장소 변화
⑨ 결 합	점치는 성냥

2) 아이디어 개발 리스트

① 관습과 전통, 상태의 역전을 생각 한다
② 특징을 신조어, 고어, 유행어로 표현 한다
③ 특징이 정적이면 동적 표현으로 바꾼다
④ ③의 반대로 한다
⑤ 특과 상품의 보통의 배열을 바꾼다
⑥ 특징을 다음으로 연결시킨다:
움직임, 육체, 힘, 무거움, 에너지, 맛, 색, 냄새, 온도, 기타
⑦ 특징을 다음에 연결시킨다:
추천, 추리게임, 퍼즐, 수수께끼, 선물, 질문표, 기타
⑧ 특징을 다음에 일어나는 상태로 생각 한다:
놀람, 도전, 유쾌, 당혹, 충격
⑨ 특징을 다음에 관련시킨다.:
행복, 마법, 운명, 명성, 원인과 결과, 불, 물, 신비, 땅, 우주, 생명
⑩ 특징을 다음에 관련시킨다:
여행, 스포츠, 여가, 성, 상상, 관능, 일, 안전
⑪ 다음과 같은 점에서 생각한다:
성공, 달성, 행운, 명예, 감사, 부조화, 왜곡, 과장, 의외
⑫ 특징을 의인화 한다:
인간, 동물, 정물, 초인적인 것, 기계, 기타

3) 체크리스트법 사례

① 분실 리모컨 찾는 방안 사례: 리모컨을 보다 쉽게 찾기 위한 방법
② 휴대용 스위치를 누르면 리모컨에 부착된 소형 스피커와 전구에서 소리와 빛이 나게 하여 그 위치를 알리는 방법
③ 분실 리모컨 찾는 방안

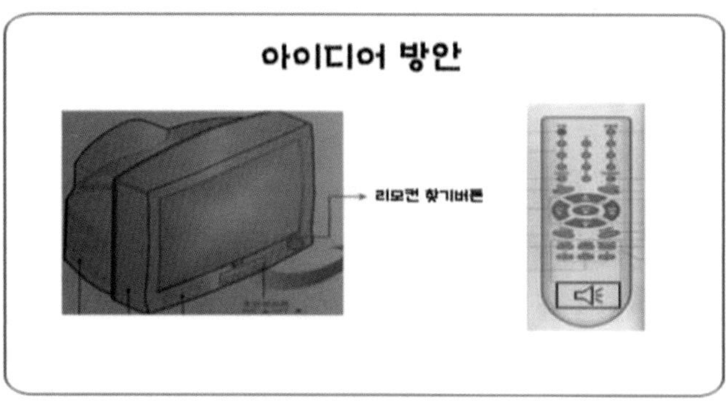

그림 2-4
발상 아이디어

(3) 체크리스트 활동 실습

실습과제 : 스마트폰의 아이디어를 내용에 설명해보자.

발상리스트	내 용
① 다른 전용	
② 다른 응용	
③ 변 경	
④ 확 대	
⑤ 축 소	
⑥ 대 용	
⑦ 역 진	
⑧ 재 배 열	
⑨ 결 합	

4. 육색사고모 기법

영국의 심리학자인 에드워드 드 보노(Edward de Bono)에 의해 고안된 육색사고모자 기법은 학습자들이 여섯 가지 각기 다른 색의 모자를 쓰고 자신이 쓰고 있는 모자 색깔이 의미하는 유형의 사고를 하도록 정돈하고 폭넓은 사고력을 신장시키는 것이다.

우리가 직면하는 일이 주의 집중을 요구하고 있다면 모든 것을 한꺼번에 뒤섞인 채 사고하지 않고, 생각하는 사람이 한 번에 한 가지 유형의 사고를 한다면 훨씬 효율적 이다. 여섯 색깔 모자 기법'은 이미 전 세계적으로 퍼져나가 그 효과를 검증 받은 사고이다.

그는 현재 세계 각국의 사고 교육에 대한 자문활동 널리 알려져 있다. 육색모자 사고기법은 학습자들이 서로 다른 사고의 유형을 의미하는 각기 다른 색으로 만들어진 모자를 쓰고 자신이 쓰고 있는 색깔이 표상하는 유형의 사고를 하게 하는 것이다. 학생들은 집단 내에서 하나의 주제에 대해 한 번씩의 색깔모자별로 각기 다른 사고의 역할을 하게 된다. 만일 붉은 색 모자를 썼다면, 당사자는 사고과제를 해결하는 과정에서는 붉은 색이 상징하는 사고만을 해야 한다. 하나의 과제가 끝나면 참여자들은 이제 서로 역할을 바꾸어 다른 과제를 해보게 된다. 이렇게 해봄으로써 모든 참석자들이 다양한 사고의 유형에 접하게 되는 것이다.

이 사고기법은 정규의 논쟁 스타일에서부터 지도를 그리는 사타일로 사고를 변환시키도록 설계되어 있다. 이는 사고를 두 단계로 구분함으로써 가능하다. 조직체 내의 모든 사람들은 이것이 사고습득의 일부가 되도록 기본적인 것을 배우게 되며 초점이 맞춰진 사고를 통하여 논란이나 토론으로 시간을 낭비하는 대신에 적극적인 접근을 통해 사고하게 하는 것이다. 처음에 어린이들은 서로 다른 색의 모자를 사용하는 상황에서 다소간의 두려움을 갖을 수 있으나 이 체제의 장번을 명백히 이해함에 따라 이 두려움이 해소될 수 있게 된다.

표 2-8

색 상	특 징
백색	순수함, 순수한 사실과 수치 및 정보 중립적이고 객관적인 사고
적색	붉게 보임, 감정과 느낌, 직관과 육감 직관에 의한 감정이나 느낌
흑색	악마의 대변인, 부정적인 판단, 실행 불가능한 이유 부정적인 견해 의견
황색	햇빛, 밝음과 낙천주의, 긍정적 건설적 사고 낙관적, 긍정적 시각
녹색	창조적임, 씨앗의 발아, 변화의 자극 창의성과 새로운 아이디어
청색	오케스트라의 지휘자, 사고에 대한 사고 조절및 통제로서 다른 모자의 사용법을 조절

표 2-9

발상리스트	내 용
백색모자 (White hats Thinking)	모임에서 하얀 모자 사고의 요청은 참석자들에게 논쟁을 제쳐두고 정보와 제안에만 초점 컴퓨터가 마치 주어진 사실과 수치를 내 주는 것처럼 무엇을 해석하거나 자기 나름의 의견을 내놓지 않는 것처럼, 백색모자 사고활동에서는 정보제시에 중립적이며 객관적이 되도록 노력
적색모자 (Red hats)	붉은 색은 분노나 감정을 나타냄으로써 빨간색 모자는 감정적 견해와 연관, 두려움과 싫어함 등 강한 정서로부터 의심처럼 미묘한 정서에 이르는 감정이나 느낌, 짐작, 직관, 감각, 맛, 미적 느낌들 겉으로 드러나지 않는 느낌에 속한 복잡한 판단
흑색모자 (Black hats)	너무 초기에 부정적이 되면 창의적인 아이디어를 죽이됨 검은 모자는 매우 가치가 있지만 그것을 지나치게 사용하면 문제 모자사고기법에서는 논란이 아니라 지도에 부정적인 요소를 놓기 위한 객관적인 사고
황색모자 (Yellow hats)	황색모자를 쓰고 하는 사고는 긍정적이고 건설적이다. 이 색은 햇빛, 밝음, 낙관을 상징한다. 흑색은 부정적 사정과 관련지어 있지만 황색은 긍정적 사정에 관련
녹색모자 (Green Hats)	풍요와 성장을 상징하고 동시에 자라서 열매를 맺게 하는 싸앗을 상징하는 것으로 이 사고 활동의 기본적인 측면은 대안의 탐색에 중점을 둠
청색모자 (Blue Hats)	파란색은 냉정한 이미지를 나타낸다. 파란 모자는 사고 과정에 대한 통제와 연관 됨. 이 사고는 사고의 중간에 수시로 나타날 수도 있고 끝에 나타날 수도 있다. 사고를 감시하고 놀이의 규칙이 준수되는 지를 감시하며 논란이 일어나면 이를 중지함.

표 2-10

순서	의 미
1 규칙	역학과 기여함
2 규칙	의도의 지향함
3 규칙	편리성 제고됨
4 규칙	두뇌의 화학적 이론에 기초함
5 규칙	놀이의 규칙을 습득됨

실습과제: 새로운 아이디어 제안기법 설명해보자.

Reference

1. 〈아이디어 개발법 : 브레인스토밍의 원리와 응용〉, C. H. 클락, 고바야시 다쓰오, 다이아몬드 사. Parnes, Sidney J. & Harding, Harold F. , A Source Book for Creative Thinking Scribners.
2. 〈브레인스토밍의 재검토〉, 호시노 다다시. 〈매니지먼트 가이드〉 1973년 7월호.
3. 〈시드니 파안스 교수, 창조성을 말한다〉, 시드니 파안스와 다카하시 마코토 대담, 〈매니지먼트 가이드〉 1973년 7월호.
4. 〈문제 해결 수법의 지식〉, 다카하시 마코토, 일본경제 신문사.
5. 〈독창력을 키우자〉, A. F. 오즈번, 우에노 이치로 역, 다이아몬드사.
6. 〈기회 능력을 빠르게 높이는 단계 50〉, 다카하시 마코토, 코우.
7. 〈회의 진행 방법〉, 다카하시 마코토, 일본경제 신문사.
8. 〈기회력을 키운다〉, 다카하시 마코토, 일본경제 신문사.
9. 〈문제 해결 수법의 지식〉, 다카하시 마코토, 일본경제 신문사.
10. Geschka, H. & Schlicksuppe, H., Techniken der problem-lősung, Rationalislerung, 22.Jg. 1971-12.
11. Battelle, INFORMATION 10, Frankfurt, 1971.
12. 《수평 사고의 세계》, E. 드보노. 講談社
13. 《새로운 사고(New Think) 입문》, 나카이 고이치(中井幸一)외, 요미우리 신문사.
14. Arnold, John E., "Useful Creative Techniques", A Source book for Creative Thinking, ed. By Parnes & harding, Scribners.
15. Mcpherson, J. H., STIMULATION CREATIVE THINKING, Stanford Research Institute.
16. Gregory, Carl E., The Management of Intelligence: Scientific Problem Solving and Creativity, McGRAW HILL.
17. Allen, Myron S., Morphological Creativity, Prentice-Hall.
18. Allen, Myron S., Psycho-Dynamic Synthesis: The Key to Total Mind Power, Parker Publishing.
19. Parnes, Sidney J. & Harding, Harold F., A Source Book for Creative Thinking, Scribners.
20. 창조성의 개발 - 기술자를 위해서 -》.반 편제, 가토야치요(加藤八千代).오카무라 가즈코 (岡村和子)공역,岩波書店.
21. 독창력을 키우자》. A.F. 오즈번.우에노 니치로 역,다이아몬드사.
22. 기획서 쓰는 방법을 재미있게 알 수 있는 책》.다카하시 마코토, 中經出版.

23. 문제 해결 수법의 지식》.다카하시 마코토, 일본경제신문사.
24. 〈브레인스토밍 입문〉, 사카에 젠슈 편,
25. 〈독창성 개발과 그 기법〉, 우에노 요이치,
26. 〈싱킹 & 플래닝〉, 사카에 젠슈,
27. 〈KJ법-혼돈해서 이야기하다-〉, 가와키타 지로, 중앙공론사.

3장

창의 공학 설계

3.1 창의 공학 설계 발상

1. 브레인라이팅(Brain Writing)법의 활용

(1) 브레인라이팅의 특징

독일의 홀리거가 개발한 침묵의 집단 발상법이다. 홀리거는 독일의 형태분석법 연구자이다. 그는 1968년 시작된 독일 직업 훈련 코스'로 백(Low back)' 중에서 이 기법을 공개했다. 시종 침묵한 채로 개인에게 발상하도록 하면서, 집단 발상의 장점도 살리는 사고 방법이다. 브레인라이팅법은 처음에는 '6·3·5법' 이라고 불렸는데, 다음과 같은 진행 방식을 취했기 때문이다. 브레인라이팅법의 가장 큰 특징은, 전원이 무언으로 발상 작업을 한다는 것이다. '침묵의 브레인스토밍' 이라는 별명이 붙은 것처럼, 참가자의 구두 발상은 하지 않고, 한 사람 한 사람이 브레인라이팅 용지(〈도표〉참조)에 써넣고, 용지를 옆사람에게 건네주며 차례대로 기입하면서, 집단 발상을 해나간다.

브레인라이팅법은 논의가 흥분되어 회의 전체가 고조되는 효과를 겨냥한 것은 아니다. 개인의 사고를 충분히 이끌어내기 위해 각자가 두뇌를 움직여, 아이디어의 생산에 노력하는 것이 이 기법의 본래 자세이다. 그것만으로도 참가자가 주제에 열중하는 진지함에서는, 브레인스토밍을 뛰어넘는다.

위와 같은 특징 때문에 브레인라이팅법은 지위가 높은 사람 앞에서 발언하는 것이 힘든 사람, 목소리가 큰 사람에게 주도권(initiative)을 빼앗겨버리는 경향이 있는 사람에게는 가장 적당한 방법이라고 할 수 있다. 지위와 성격 차이에 상관없이, 모든 사람이 평등하게 발상할 수 있고, 또 서로의 아이디어에 자극을 줄 수 있다.

- ○ 6명이 참가한다.
- ○ 각자 아이디어를 3개씩 생각한다.
- ○ 5분 이내에 용지에 기입하며, 5분 후에 옆 사람에게 용지를 돌린다.

표 3-1 브레인라이팅 용지의 예

구 분	A	B	C
1			
2			
3			
4			
5			
6			

(2) 기법의 전개

[진행 용지]

① 처음 5분 간, 참가자는 각자 3가지 아이디어를 용지의 가로 첫 번째 줄에 나열된 A·B·C 칸에 써넣는다.

② 5분 후, 용지를 왼쪽 옆 사람에게 건넨다.
각자 5분 간 3가자의 아이디어를 오른쪽 사람이 건네준 용지의 두 번째 줄에 기입한다.

④ 각자 앞의 사람이 기입한 첫 번째 줄의 아이디어를 보면서, 이것을 발전시킨 것과, 완전히 새로운 아이디어를 두 번째 줄에 써넣는다.

⑤ 또 5분이 경과하면 용지를 돌리고, 세 번째 줄에 아이디어를 기입한다.

⑥ 이하, 마지막 줄까지 같은 작업을 반복한다.

⑦ 전원이 아이디어 평가를 실행한다. 모든 라운드가 종료되면, 진행자는 각자 자기 곁에 남아 있던 용지의 아이디어를 참가자에게 평가하게 하고, 좋다고 생각되는 아이디어를 2~3개 정도 선택하고 표시를 해둔다. 이것을 기본으로 모든 참가자들이 서로 이야기를 주고받으며 더욱더 발전시키면 효과적이다.

표 3-2 사전 준비

단 계	내 용
① 사회자를 정한다.	사회자는 진행을 하며 시간을 체크하고, 자신 또한 발상의 참가자로서 발표한다.
② 참가자는 6명을 원칙으로 한다.	참가 인원수는 6명이 원칙이지만, 반드시 6명으로 한정할 필요는 없다. 몇 명이라도 상관없다.
③ 주제를 확인한다.	진행자는 처음에 주제를 참가자 전원에게 알리고, 주제 설정에 문제가 없는지를 확인한다.
④ 브레인 라이팅 용지를 준비한다.	<도표>에 나타낸 브레인 라이팅 용지를 전원에게 나누어주고, 표제 란에 주제를 기입한다.

(3) 진행 종류

1) Method 6-3-5

① 6-3-5방법 역시 브레인라이팅의 변형으로 6명의 참가자가 5분 동안 3가지 아이디어를 한 장의 종이에 쓴다.(이와 같은 이유로 6-3-5라 함)

② 5분 후에 각자가 작성한 시트를 시계방향으로 돌려보며 각 참가자들은 자신의 아이디어를 첨가하여 기록한다.

③ 시트가 한 바퀴 돌면 휴식을 취한 후 평가를 한다.

2) Pin-Cards

① 개개인에게 서로 다른 색깔의 카드를 한 묶음씩 배부한다.

② 문제점 등 질문을 제시한다.

③ 한 카드에 한가지의 아이디어를 기입하여 옆 사람에게 건네준다.

④ 옆 사람의 카드를 받은 사람은 그 카드를 읽고 본인이 생각지 못했던 아이디어를 창출하는 단서를 찾고, 이로 인해 창출된 아이디어가 있다면 그 카드에 추가로 기록한다.

⑤ 이와 같은 과정이 20~30분간 끝나면, 모든 카드를 수집하고, 살펴본 후 압정을 사용하여 게시판에 주제별로 부착한다.

3) Gallery Method

① 플립차트 종이를 벽에 테이프로 붙인다.

② 개개인은 그들의 아이디어들을 한 장의 종이에 기록한다.

③ 20-30분 동안 작업을 한 후 15분 동안의 휴식을 취하고 나서, 모든 참가자들이 세미나 룸을 순회하며 다른 참가자들이 작성하여 부착한 종이를 걸으면서 검색한다.

④ 모두 순회한 후 자리로 돌아와서 아이디어 라이팅의 다음 라운드의 작업을 시작한다.

⑤ 이때는 아이디어를 통합한 후 평가를 시작한다.

3.2 발표자료

발표할 내용을 이야기처럼 발표내용을 구성하고, 발표 자료를 직접 만드는 것이 중요하다. 발표시간은 주어진 시간보다 다소 짧게 발표가 끝날 수 있도록 한다. 내용은 주요 결론을 언급하고 이에 대한 설명을 한 후 다시 한 번 결론을 강조하는 것이 효과적이다. 발표내용을 확실하게 이해하거나 내용을 암기하여 자연스럽게 발표한다. 애매한 화면구성과 어색한 문구는 사용하지 않는다. 그렇다고 디자인을 너무 화려하게 하거나 지나치게 많은 내용을 담는 것은 청중의 집중력을 오히려 떨어뜨릴 수 있다. 한 페이지에 10줄을 넘지 않도록 하고 지나친 원색사용은 지양하는 것이 좋다.

프리젠테이션은 자신을 위해 하는 게 아니라 듣는 사람에게 자신의 생각이나 필요한 정보를 전달하는 작업이다. 청중이 무엇을 원하는지 미리 조사하고, 전달하고자 하는 내용을 그 니즈(Needs)에 맞춰 재구성 하고 준비한 내용을 얼마나 적절하게 전달할 수 있는지 미리 점검해야 한다. 충분한 연습이야말로 모든 것을 뛰어넘게 한다.

표 3-3 발표력 표현

분 류	내 용
준비성과 자신감	철저한 준비를 통한 자신감이 있는 발표
핵심내용의 간략화	핵심이 분명히 드러날 수 있도록 내용을 단순하게 정리 요약
힘찬 목소리와 확신성	힘찬 목소리와 확실한 표현력
핵심을 명료한 표현법	간략하게 하고 핵심을 명료하게 말하는 습관

3.3 실습사례

창의적설계 개인발표과제
1) 자료검색을 통한 아이디어발표 2) 발표 내용 ① 기존제품을 개선 아이디어 ② 신제품 아이디어 ③ 특허내용 개선 아이디어 3) 발 표 형 식 ① 목 차 ② 연구 배경(개요) ③ 연구내용(기존제품 장단점 비교) ④ 결과(도면 및 결과내용) ⑤ 참고문헌

3.4 발표사례

1. 창의설계 발표사례 (1)

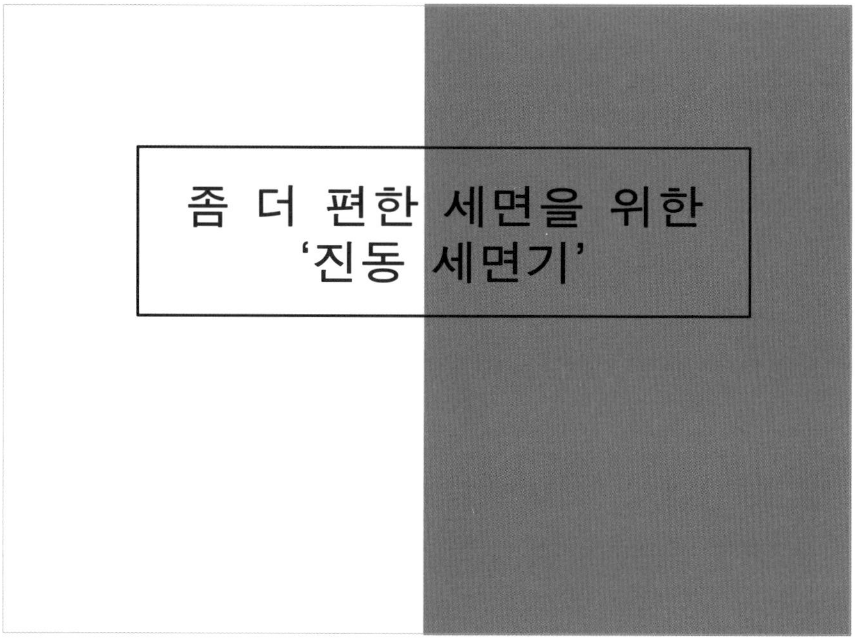

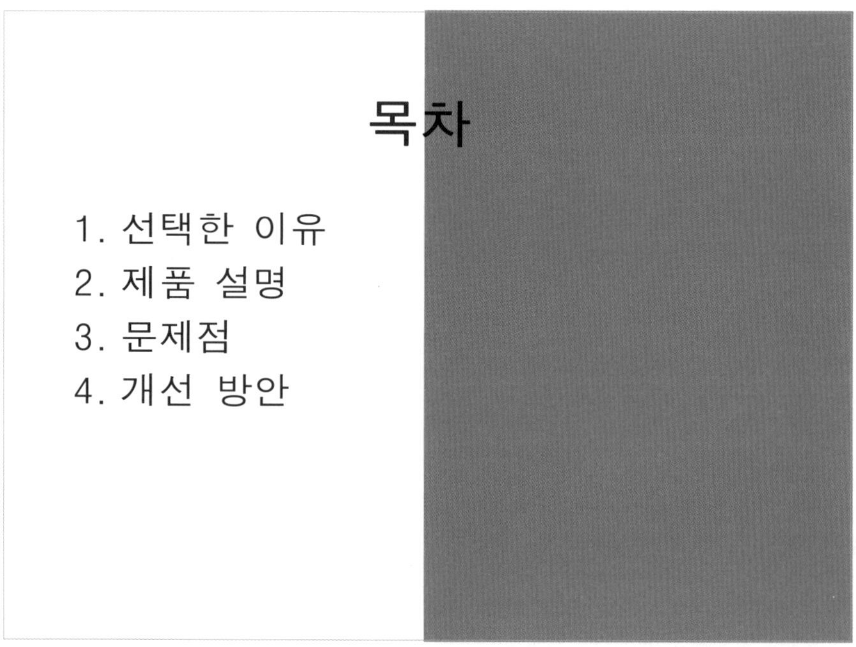

선택한 이유

시중에 진동 면도기, 진동 마스카라, 진동 파운데이션 등 진동제품들이 많이 등장하였다. 위 제품들은 진동을 사용하여 제품의 효능이 더욱 높아졌기 때문에 이를 세면대에 적용하여 세안을 좀더 깨끗하고 편하게 하고자 고안하였다.

제품설명

- 가정집에 일반적으로 있는 세면대에 진동기능을 첨가
- 화장실에 콘센트를 마련하여 연결하여 사용.
- 원리: 초음파를 이용하여 물에 지속적인 진동을 일으킴.
- 가격 : 10-15만원

제품설명

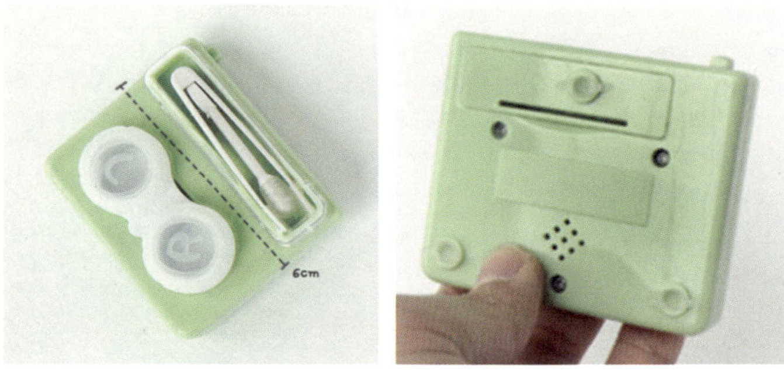

그림 1. 렌즈 진동 세척기

제품설명

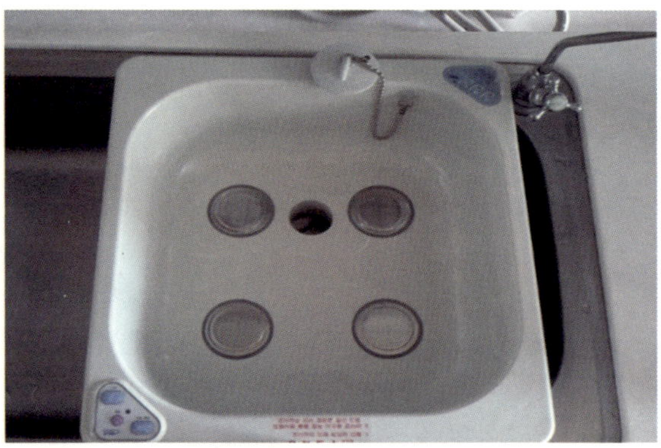

그림 2. 다용도 진동 세척기(식기, 과일 등)

문제점

- 진동만으로 세안이 깨끗이 이루어 질지 확실하지 않아, 진동 세면기 사용 후 별도의 세안이 필요할 수 있다.
- 진동을 이용하여 세안하기 때문에 좀 더 세척력이 강하고 인체에 무해한 전용 세안제를 개발해야 한다.

제품설명

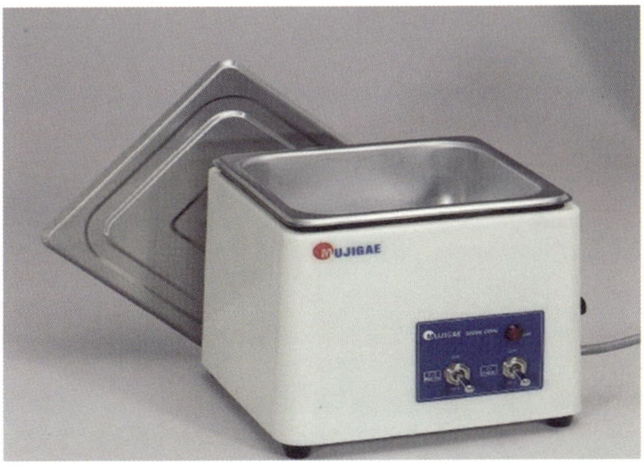

그림 3. 안경 진동 세척기

개선방안

- 인체에 사용 가능한지 알아봐야 한다.
- 완벽히 세안이 되는지 알아봐야 한다.
- 세척력을 높이기 위한 세안제를 개발한다.
- 화장실에 콘센트가 있기 때문에 감전사고가 있지 않게 조치를 취한다.

2. 창의설계 발표사례 (2)

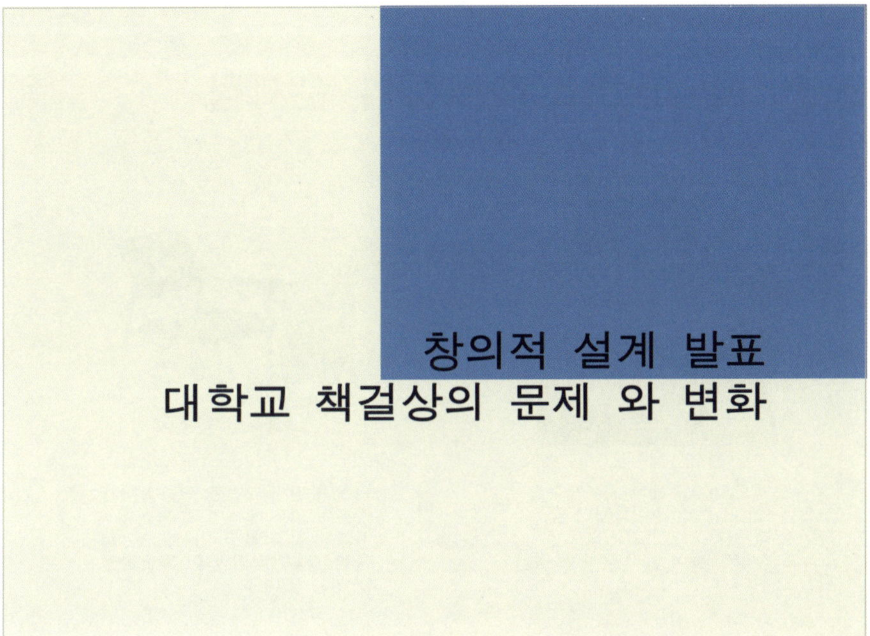
창의적 설계 발표
대학교 책걸상의 문제 와 변화

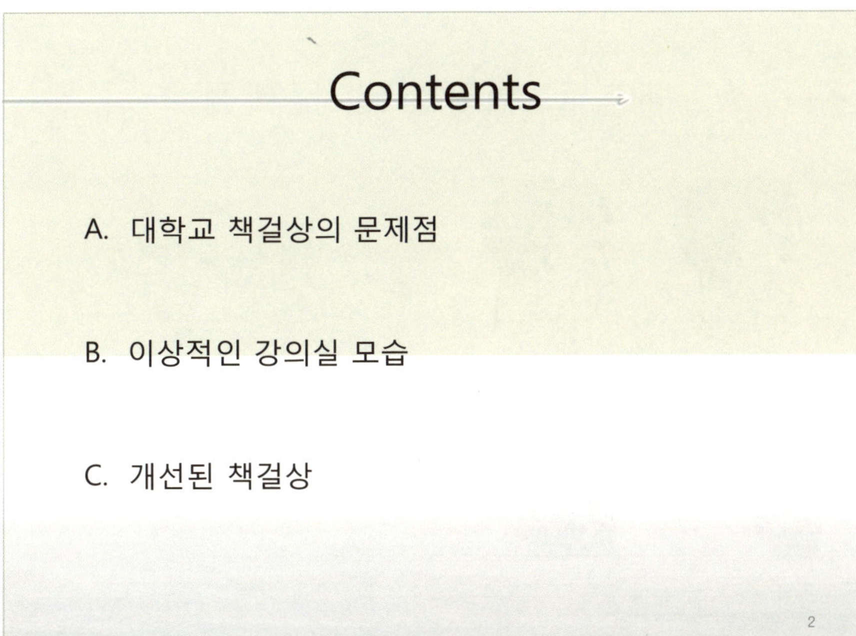
Contents
A. 대학교 책걸상의 문제점
B. 이상적인 강의실 모습
C. 개선된 책걸상
2

A. 대학교 책걸상의 문제점

ㄱ자 모양으로 왼손잡이는 불편함을 느낄 수 있는 구조이며, 책상이 앉고 일어 날때 한쪽으로만 가능하다. 그리고 책상이 좁아 필기할 때 불편함을 느낀다.

단점이 많이 개선된 모습이다. 양 방향이 모두 뚫려있고, 푹신한 의자가 추가 되었다. 하지만 책상과 등받이의 거리가 멀어 불편함을 느낄 수 있다.

3

A. 대학교 책걸상의 문제점

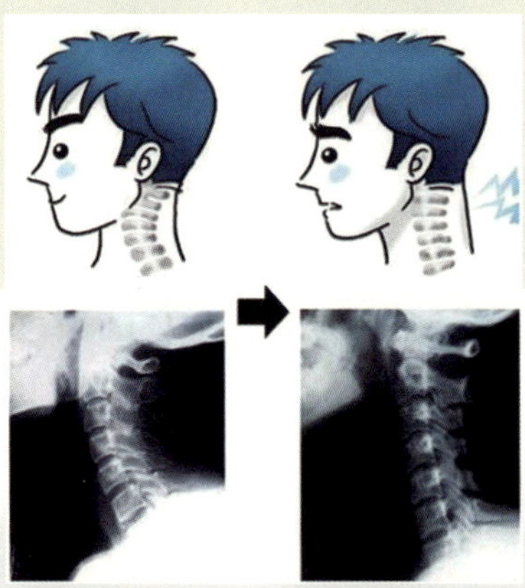

<정상목> <일자목 or 거북목>

대학교 책걸상의 대부분은 책상과 의자가 붙어 있다. 이러한 구조 는 사람마다 다른 체형을 전혀 고려하지 않은 구조로, 우리들의 목과 허리를 엉망으로 만들고 있다.

4

B. 이상적인 강의실 모습

학생들이 가장 이상적으로 생각하는 강의실의 모습은 대략 이런 모습이 아닐까 한다. 하지만 건물을 새로 지을 때 설계를 이렇게 하지 않는 이상 지금 우리가 쓰고 있는 오래된 강의실을 이렇게 바꾸긴 힘들다.

5

C. 개선된 책걸상

<평면도(?)>

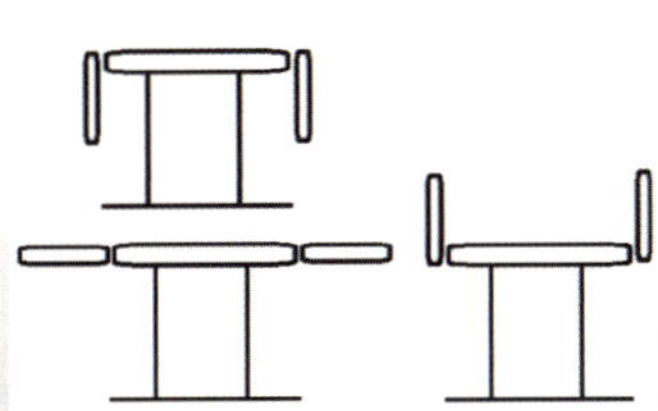

<정면도(?)>

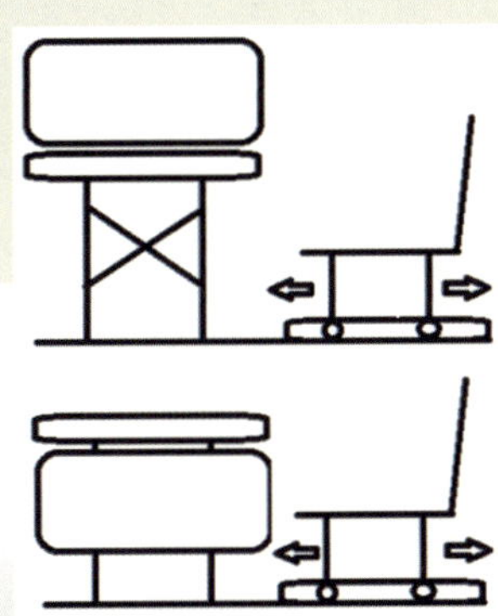

<측면도(?)>

6

3. 창의설계 발표사례 (3)

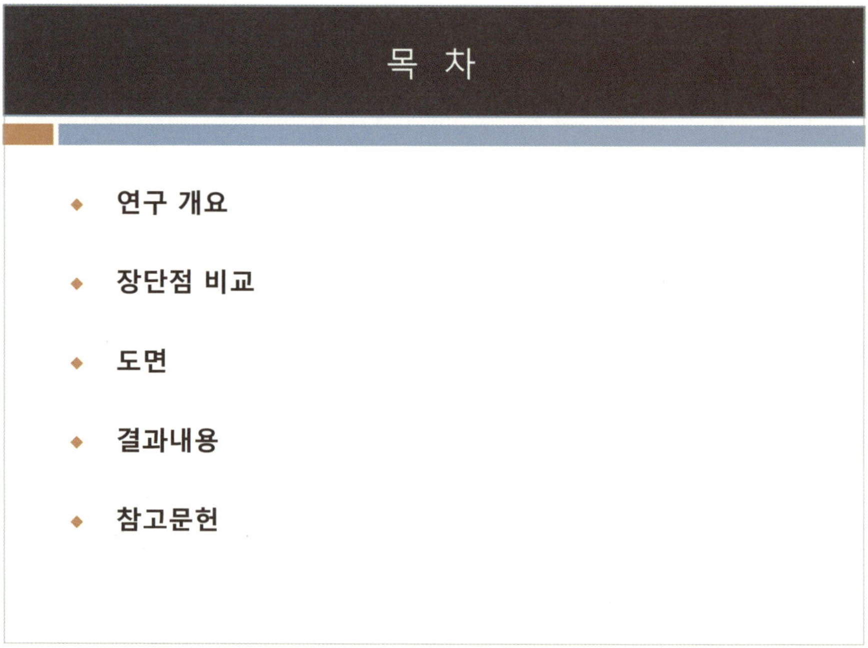

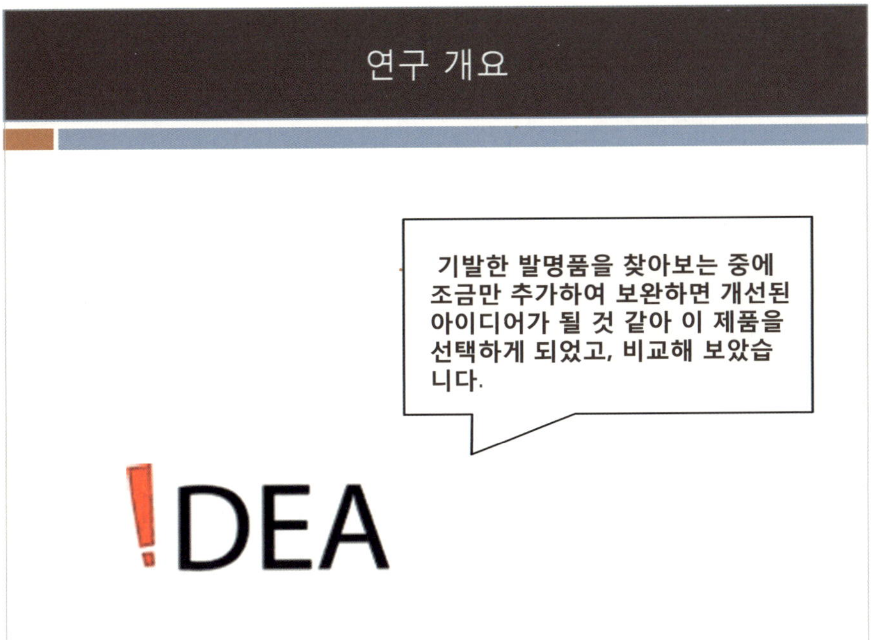
연구 개요
기발한 발명품을 찾아보는 중에 조금만 추가하여 보완하면 개선된 아이디어가 될 것 같아 이 제품을 선택하게 되었고, 비교해 보았습니다.
!DEA

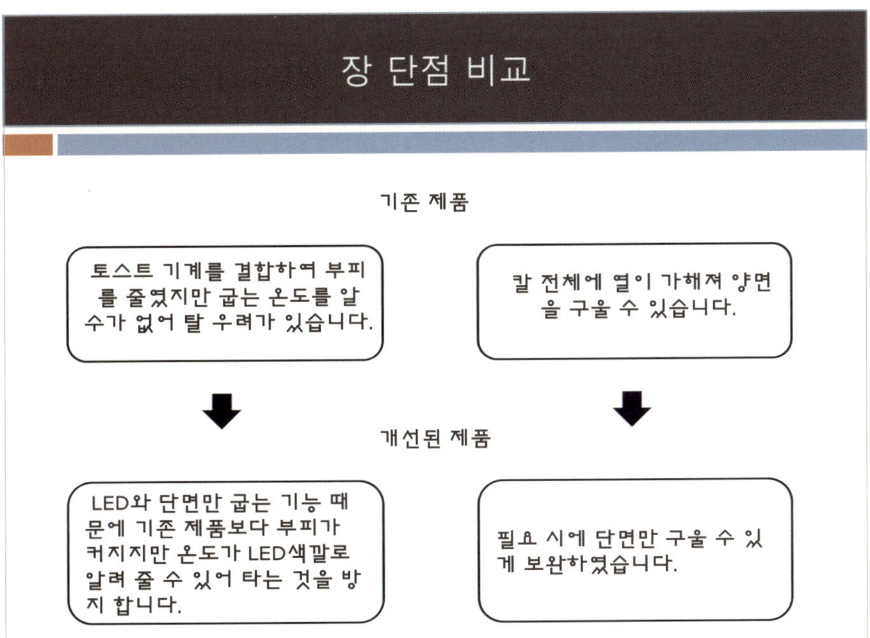
장 단점 비교
기존 제품
토스트 기계를 결합하여 부피를 줄였지만 굽는 온도를 알 수가 없어 탈 우려가 있습니다.
칼 전체에 열이 가해져 양면을 구울 수 있습니다.
개선된 제품
LED와 단면만 굽는 기능 때문에 기존 제품보다 부피가 커지지만 온도가 LED색깔로 알려 줄 수 있어 타는 것을 방지 합니다.
필요 시에 단면만 구울 수 있게 보완하였습니다.

결과 및 내용

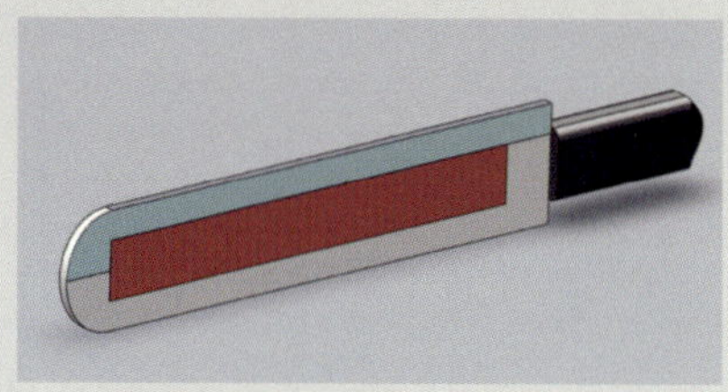

기능만 추가 함으로써 기존에 제품의 부피를 유지하였고,
기능이 상실하지 않게 2가지 요소만 추가 하였습니다.

도면 및 설명

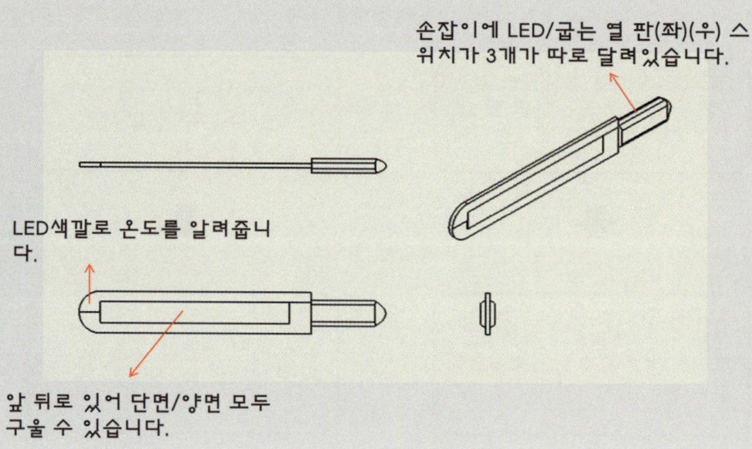

3.5 실습

과제실습 01

창의적설계 개인발표과제

창의적설계 개인발표과제

1) 자료검색을 통한 아이디어발표

2) 발표 내용
① 기존제품을 개선 아이디어
② 신제품 아이디어
③ 특허내용 개선 아이디어

3) 발 표 형 식
① 목 차
② 연구 배경(개요)
③ 연구내용(기존제품 장단점 비교)
④ 결과(도면 및 결과내용)
⑤ 참고문헌

4) 발표시간 (2분-4분)

5) 발표일
1차 발표 : 각조마다 3명발표
2차 발표 : 나머지 조원발표
11월 28일(1차)
12월5일(2차)

제출형식
발표내용 : 이메일 제출

과제실습 02

아이디어 평가방법을 조사하고 설명하시오

과제실습 03

팀회의 방법과 회의 진행에 대하여 설명하시오

과제실습 04

평가행열에 대하여 설명하라

과제실습 05

마인드맵원리를 설명하고 토론하시오

과제실습 06

우리주변에 기존제품을 아이디어 제품으로 변화 시킨 사례를 5개씩 제시하라

과제실습 07

과학은 어떤 학문인지 공학과 어떻게 다른지 토론하고 설명하라

과제실습 08

우리 대학교의 교육환경 개선방안에 대하여 문제정의를 하고 해결방안을 제시하라

과제실습 09

대체 에너지를 만드는 방법에 대하여 논의하고 대안을 제시하라

과제실습 10

무동력 자동차에 대하여 방안을 놈의하고 대안을 제시하라

과제실습 11

폐품을 이용한 재활용 방법을 논하라

과제실습 12

창의 사례를 통하여 신제품을 제안하고 내용을 발표하라

과제실습 13

창의 사례를 통하여 특허내용을 강화하고 내용을 발표하라

Reference

1. 〈아이디어 개발법 : 브레인스토밍의 원리와 응용〉, C. H. 클락, 고바야시 다쓰오, 다이아몬드 사. Parnes, Sidney J. & Harding, Harold F. , A Source Book for Creative Thinking Scribners.
2. 〈브레인스토밍의 재검토〉, 호시노 다다시. 〈매니지먼트 가이드〉 1973년 7월호.
3. 〈시드니 파안스 교수, 창조성을 말한다〉, 시드니 파안스와 다카하시 마코토 대담, 〈매니지먼트 가이드〉 1973년 7월호.
4. 〈문제 해결 수법의 지식〉, 다카하시 마코토, 일본경제 신문사.
5. 〈독창력을 키우자〉, A. F. 오즈번, 우에노 이치로 역, 다이아몬드사.
6. 〈기회 능력을 빠르게 높이는 단계 50〉, 다카하시 마코토, 코우.
7. 〈회의 진행 방법〉, 다카하시 마코토, 일본경제 신문사.
8. 〈기회력을 키운다〉, 다카하시 마코토, 일본경제 신문사.
9. 〈문제 해결 수법의 지식〉, 다카하시 마코토, 일본경제 신문사.
10. Geschka, H. & Schlicksuppe, H., Techniken der problem-lősung, Rationalislerung, 22.Jg. 1971-12.
11. Battelle, INFORMATION 10, Frankfurt, 1971.
12. 《수평 사고의 세계》, E. 드보노. 講談社
13. 《새로운 사고(New Think) 입문》, 나카이 고이치(中井幸一)외, 요미우리 신문사.
14. Arnold, John E., "Useful Creative Techniques", A Source book for Creative Thinking, ed. By Parnes & harding, Scribners.
15. Mcpherson, J. H., STIMULATION CREATIVE THINKING, Stanford Research Institute.
16. Gregory, Carl E., The Management of Intelligence: Scientific Problem Solving and Creativity, McGRAW HILL.
17. Allen, Myron S., Morphological Creativity, Prentice-Hall.
18. Allen, Myron S., Psycho-Dynamic Synthesis: The Key to Total Mind Power, Parker Publishing.
19. Parnes, Sidney J. & Harding, Harold F., A Source Book for Creative Thinking, Scribners.
20. 《창조성의 개발 - 기술자를 위해서 -》.반 편제, 가토야치요(加藤八千代).오카무라 가즈코(岡村和子)공역,岩波書店.
21. 《독창력을 키우자》. A.F. 오즈번.우에노 니치로 역,다이아몬드사.
22. 《기획서 쓰는 방법을 재미있게 알 수 있는 책》.다카하시 마코토, 中經出版.

23. 《문제 해결 수법의 지식》.다카하시 마코토, 일본경제신문사.
24. 〈브레인스토밍 입문〉, 사카에 젠슈 편,
25. 〈독창성 개발과 그 기법〉, 우에노 요이치,
26. 〈싱킹 & 플래닝〉, 사카에 젠슈,
27. 〈KJ법-혼돈해서 이야기하다-〉, 가와키타 지로, 중앙공론사.

4장 제품 디자인 설계

4.1 신제품 개발

신제품 아이디어를 창출하고 이를 평가하여 시장잠재력이 있는 아이디어들만을 선별하고 이를 토대로 제품개념을 개발하고 개발된 제품개념에 대한 소비자반응을 조사한다. 그 결과 테스트에 통과된 제품개념을 가지고 개략적인 마케팅전략의 수립과 사업성 분석을 실시한다. 사업성이 있다고 판단되면 제품개발 단계에 들어가고 개발된 제품에 대해 특정 소비자층을 대상으로 시험마케팅을 실시하여 시험마케팅을 통과한 신제품은 전국시장에 진출하는 것이다.

1. 제품개발단계

제품개발과정은 아이디어 개발단계로 제품개발 및 개발방향을 결정하고 좋은 아이디어를 선택하는 개발기획과정이 있고, 디자인 개발 프로젝트를 구체화시키고 이를 통해 실제 개발 방향을 검토하고 결정한다. 제품개발의 검증을 평가하여 제품 가치의 실현 가능성을 최종적으로 확인하고 생산관련 사항을 검토 설계목표 달성에 대해 관련부서에 의해 적합성을 확인하는 개발제품 분석과정 그리고 양산 설비 및 공정설계 내용 등을 확정함으로써 제반사항을 준비하는 제품개발과정단계이다. 마지막으로 개발제품의 제조 설비, 공정 등의 적합성을 확인하여 필요한 자원을 투입하고 생산을 하는 등, 판매를 위해 최종점검을 하는 단계로 분류한다.

2. 신제품 개발 프로세스

① 시장에 대한 이해 단계
② 아이디어 도출/선별 단계
③ 컨셉 개발/점검 단계
④ 상품화 기획
⑤ 상품화 단계
⑥ 출시 단계
⑧ 출시 후 관리 단계

표 4-1 재품개발단계

	내 용
① **개발기획과정**	아이디어 제안, 시장조사, 고객요구 발생에서 부터 상품 기획서 작성 및 승인까지 일련의 업무로서 제품개발 및 개발방향을 결정하는 단계
② **개발제품분석과정**	제품 개발계획서를 초안으로 기초설계의 실현 여부 및 제품개발의 검증하고 평가하여 제품 가치 판단과 생산 가능성을 검토하는 단계
③ **제품개발과정**	양산을 위한 시제품 개발, 시제품 생산 및 검증인증, 개발제품의 제조상의 문제점 및 제조 설비, 공정 등의 적합성을 확인하는 단계
④ **생산판매과정**	양산 준비를 완료하고, 생산관리부서의 생산지시 에 의하여 필요한 자원을 투입하고 생산을 하는 등, 판매를 위해 최종점검을 하는 단계

3. 신제품 개발전략유형

경쟁신제품보다 더 우수한 제품을 개발하여 시장을 공략하는 선제전략(proactive strategy)과 고객의 현시적(顯示的) 니즈(current needs)를 토대로 하는 전략이 있으며, 잠재고객들에게 신제품 요구를 불러일으키는 R&D전략과 경쟁자의 신제품 출시로 매출이 하락할 자사의 기존제품을 보호하기 위한 방어전략 등이 있어서 기업 여건과 개발환경에 부합되는 개발전략을 선택하는 것이 매우 중요하다. 신제품의 성공원인을 보면 고객의 니즈를 충족시키며 높은 가치(value)를 실현시키거나, 혁신적인 제품 등 기술적 우위를 점하거나 성장가능성에 대한 면밀한 분석이 있었다.

표 4-2 신제품 전략 형태

	내 용
① 선제전략	경쟁신제품보다 더 우수한 제품을 개발
② 고객요구전략	고객의 요구(current needs)를 토대로 하는 전략.
③ R&D전략	신제품을 예측하여 발발
④ 모방전략	다른 기업의 성공제품을 모방
⑤ 방어전략	경쟁자의 신제품 출시로 매출이 하락할 자사의 기존제품을 보호

4. 신제품 개발 및 평가

신제품 개발의 핵심 요소는 기술, 노하우와 유형 요소로서 디자인, 색채, 인체공학적 요소, 그리고 보상 요소로서 브랜드, 마케팅 전략 등이 해당된다. 신제품의 성패는 소비자의 만족도, 기술, 디자인, 광고, 경쟁상품, 시기 적절성 등 여러 가지 요소에 의해 좌우되므로 수많은 요소들을 연구, 검토해야 한다. 따라서 신제품 개발팀은 상품 기획, 시장 조사 분석 및 예측 디자인, 소비심리, 재료, 생산 등 다양한 분야의 전문가들로 구성해야 효과적이다.

신제품 평가는 실제의 미래 고객을 중심으로 하여, 디자인, 샘플링, 현장, 소규모 시험 판매 테스트를 통해 실질적으로 무엇이 실제의 미래 고객들을 위한 문제점으로 대두되고 있는지 정확하게 파악할 수 있다.

신제품 개발 중에 경쟁사의 기술이 앞서가거나 아니면 처음부터 앞서있었을 때 신제품이 나온 후 고객차원에서 분석해 보면, 기술적 수준이 한 단계 낮은 상태로 신제품이 출하되는 경우가 많다. 따라서 신제품 개발 과정에서 경쟁사가 지금 개발하고 있는 신제품에 대한 기술력이 어느 수준이며, 최종 제품이 나왔을 때 고객차원에서 기술수준이 어떻게 지각되겠는가를 항상 조사해야 한다.

표 4-3 기술개발 평가

	내 용
기술인력 및 개발 장비	기술인력 및 개발 장비보유 및 확보계획 적합여부 판단
보유기술 수준	보유기술 수준 판단
개발목표 및 방법	개발목표 및 방법, 개발기간의 적합여부 판단
기술 시장조사	기술 시장동향 정보 조사 판단
사업비	사업비의 규모 적합성 판단

표 4-4 아이디어 발상법의 종류

단 계	내 용
브레인 스토밍	일정한 주제에 대하여 회의형식을 통해 구성원들의 자유로운 아이디어를 찾아내는 방법
시넥틱스법	구성원들이 직접유추, 개인적 유추, 상징적 유추, 환상적 유추의 4가지 방법을 이용
고든법	저난적으로 브레인스토밍과 유사 컨셉이나 키워드만 가지고 진행하며 해결해야 할 과제는 사회자만 알고 실시함
카달로그 법	카달로그 법은 개인이 목적의식을 가지고 사진, 광고, 문서, 카달로그 등을 통해 어느 순간의 번득임을 발상 하는 것
체크리스트 법	문제의 해결을 위한 여러항목을 모두 나열한 후 항목별로 문제점을 검토하면서 아이디어를 구상하는 방법
입출력 법	제너럴 일렉트릭사가 자사 디자인 문제를 해결하기 위해 개발
결점열거법	제품결점을 열거하고 결점을 제거하고 개량할 수 있는 아이디어를 냄
형태분석법	제품 특성을 형태적, 구조적 측면을 분석하여 신제품, 신기술의 개발 및 일반관리 분야에 활용할 수 있는 방법
문제분석법	문제 분석법은 소비자의 입장을 반영하는 방법
연상법	연상법은 접근, 유사, 대비 등을 통해 모든 사물의 발상을 근원으로 삼는 방법

표 4-5 디자인 요건

단 계	내 용
합목적성	어떤 목적을 이루는데 적합한 대상 또는 행위의 성질로서 조형물의 실용성이나 효용성 등을 말하는 것.
심미성	합목적성과 의미상으로 반대되는 개념으로서 아름다운 성질을 뜻함.
경제성	시장경제에서의 디자인은 경제성을 무시하고는 성공할 수가 없음.
독창성	현대 디자인에서 특히 강조되어야 할 부분이 독창성.
질서성	디자인의 다양한 요건들을 모두 만족시킬 수 있도록 각각의 요건들을 조화롭게 유지시키는 것을 말함.

4.2 제품 설계 도출

1. 스캠퍼(Scamper)기법의 활용

(1) 스캠퍼(Scamper)법의 특징

창의적, 문제해결력을 갖추기 위해서는 작업을 하는 과정에서 생각은 자극을 받게 되며, 아이디어 발상 단계를 활용하는 스캠퍼법 발상 촉진의 논리력을 통해 설득력, 문제해결력을 기르는 융합형 사고법 즉 크리에이티브 사고법을 적절하게 활용할 수 있다. 미리 문제해결의 착안점을 정해 놓고 그에 따라 다각적인 사고를 해 봄으로써 아이디어를 얻는 기법으로, 알렉스 오스본(Alex Osbone)이 소개하고 로버트 에벌리(Robert Eberle)가 재구성한 아이디어 촉진 발문법이다. 이 기법은 기존의 제품을 개선하거나 신제품을 만들어 낼 때 유용하다.

(2) 스캠퍼 진행

① 진행 절차

- 학생들에게 스캠퍼 기법의 목록을 제시해 준다.
- 각 목록에 해당되는 7가지 내용을 적용한 사례를 찾아보게 한다.

표 4-6 스캠퍼의 단계별 질문

단 계	질 문	적용 예
① 대치하기 (Substitute)	다른 누구? 다른 무엇? 다른 성분? 다른 재료? 다른 에너지? 다른 장소? 다른 음성?	연탄재로 만든 벽돌
② 결합하기 (Combine)	혼합하면? 단원을 조합하면? 목적을 합하면? 아이디어를 조합시키면?	보온겸용 밥솥
③ 적용하기(Adapt)	번안하면? 각색을 하면? 이것과 비슷한 것은? 베낄 수 있는 것은? 내가 흉내낼 수 있는 사람은?	장미덩쿨 철조망
④ 수정-확대-축소하기 (Modify-magnify-minify)	확대시키면? 빼면? 변형시키면? 의미, 색깔, 등을 바꾸면? 생략하면? 간소화하면? 분리하면? 작게(가볍게, 쉽게, 짧게)하면?	실패한접착제를 이용 post-it
⑤ 다른 용도로 사용하기 (Put to other use)	(모양, 무게 또는 형태 등으로 보아) 다른 용도는? 수정하면? 맥락을 바꾸면?	폐타이어를 이용한 발전연료
⑥ 제거하기(Eliminate)	이것을 없애 버리면? 부품 수를 줄이면? 압축시키면? 낮추면? 더 가볍게 하면? 없어도 할 수 있는 것은?	노트북 pc
⑦ 재배치하기 (Rearrange-reverse)	거꾸로 하면? 반대로 하면? 역할을 바꾸면? 위치를 바꾸면? 다른 시퀀스는? 보조를 바꾸면? 원인과 결과를 바꾸어 보면?	전기모터와 발전기

② 적용사례

표 4-7

분 류	내 용
축소	휴대전화, 이어폰, 접는 지휘봉과 접는 자, 접는 우산 등
확대	고릴라'라는 제목의 영화 등
결합	라이터와 재떨이가 재결합 된 것
제거	팔 부분에 지퍼를 달아 조끼로도 입을 수 있는 옷

(3) 스캠퍼 활동 실습

실습과제 01

: 스켐퍼 이론에 따라 다양한 카메라를 만들 수 있는 아이디어를 적어보자.

① 팀별회의 내용을 5개 이상씩 제시하라

② 선정된 내용을 평가하여 최종안을 제시하라

표 4-8 실습내용

구분		내 용
① S	대치하기(Substitute)	네모 모양에서 둥근 모양으로 대치하기, 흰 색깔에서 빨간 색의 비단으로 대치하기
② C	결합하기(Combine)	휴대폰에 카메라 기능 넣기, 카메라에 영상기능추가와 이어폰 겸용으로 사용하기
③ A	적용하기(Adapt)	카메라의 기능에 떨어뜨려도 깨지지 않는 플라스틱의 성질에 적응시켜 보기
④ M	수정-확대-축소하기 (Modify-magnify-minify)	카메라를 만년필 크기로 축소하기, 손목시계 크기와 모양으로 축소하기
⑤ P	다른 용도로 사용하기 (Put to other use)	미니카메라를 리모콘 겸용으로 사용하게 만들기
⑥ E	제거하기(Eliminate)	카메라의 터치 기능을 제거하기
⑦ R	재배치하기 (Rearrange-reverse)	카메라의 이름을 바꾸기, 카메라 찍는 순서를 바꾸기 등

실습과제 02

: 팀별 자유주제를 선정하여 다음 2가지 항목을 완성하라

① 팀별회의 내용을 5개 이상 제시하라

② 선정된 내용을 평가하여 최종안을 제시하라

구 분		항목(1)	항목(2)
① S	대치하기 (Substitute)		
② C	결합하기 (Combine)		
③ A	적용하기 (Adapt)		
④ M	수정-확대-축소하기 (Modify-magnify-minify)		
⑤ P	다른 용도로 사용하기 (Put to other use)		
⑥ E	제거하기 (Eliminate)		
⑦ R	재배치하기 (Rearrange-reverse)		

4.3 제품설계 주요단계

제품설계(Product design)는 사람들이 사용하기 위한 새롭고, 개선된 제품을 창출하는 과정이다. 제품들이 시장전문가(marketing specialist), 공학자, 인간공학 전문가, 그리고 산업디자이너들로 구성된 팀에 의해 설계된다. 시장전문가와 공학자들은 제품의 기능에 책임이 있다. 인간공학 전문가는 제품의 사용성에 책임이 있으며, 산업디자이너들은 제품의 외관에 책임이 있다.

소비자 제품(consumer products)은 일반대중이 사용하도록 설계된 제품이다. 제품은 두 가지 범주로 구분한다. 먼저 사람의 욕구와 필요를 만족시키는데 사용되는 제품과 특정집단을 위해 설계된 제품이 있다.

이와 같이 생산되는 제품설계는 여러 설계 단계를 거친다. 기초설계는 분석단계에 참여한 사람들에게 보다 명확한 정의를 내리게 해주며 참여하는 팀원에게는 하고자 하

는 사항에 대한 이해를 높이는데 사용하게 된다. 이 때 중요한 점은 반드시 설계 작업에는 팀원 또는 최소 디자인과 개발 책임자가 참여하도록 하며, 그들의 의견을 수렴하여 설계를 진행 한다.

한 제품을 설계하는 전 과정은 타협, 기능의 평형유지, 성능, 신뢰도, 사용성, 외관, 그리고 비용들의 연속이다. 추가하여 설계문제를 해결하는데 단 하나의 해결책만 있는 것이 아니고 인정할만한 영역(domain)이 존재한다. 설계와 개발과정은 제품과 그것을 생산하는 조직의 본질에 따라 다르다. 그 과정은 다단계로 구분될 수 있으나 주요단계 5단계로 분류하며, 기본 단계는 다음과 같다.

표 4-9 제품개발 주요단계

분 류	내 용
계 획	잠재적 제품 사용자들에 대한 조사와 경쟁 제품의 장, 단점의 분석
설 계	사용자와 제품사이의 기능할당, 직무분석, 그리고 공학 분석
검사와 검증	검사와 검증단계 동안의 하부체계 검사는 하부체계의 특정설계가 만족한 것인지를 결정
생 산	공정흐름을 분석하며, 생산 장비와 방법 등을 선택하는 장기적 의사 결정
시장성과 평가	생산 제품의 시장에 제품 분배 및 판매 실시와 제품의 사용자를 대상으로 시장조사 실시

여러 단계에서의 활동들이 동시에 활력 있게 실현되는 것이 중요하다. 예를 들어 최초 설계 작업은 계획단계 동안에 착수될 수 있다. 제품정의에 관련된 문제들은 전 설계과정을 통해 이루어져야 한다.

디자인 전개과정은 소비자의 요구에 가장 적합한 제품의 개발과 판매를 위한 아이디어를 창출하는 것을 의미한다. 제품의 기능, 기술, 구조, 재료, 심미성, 경제성, 사용 장소 등에 대한 충분한 계획을 수립하여야 한다. 하나의 디자인을 놓고 파생되는 문제점을 해결해 나가는 과정을 의미한다. 일종의 시행착오에 관한 해결책으로서 여러 번 반복되는 순환의 과정을 거친다.

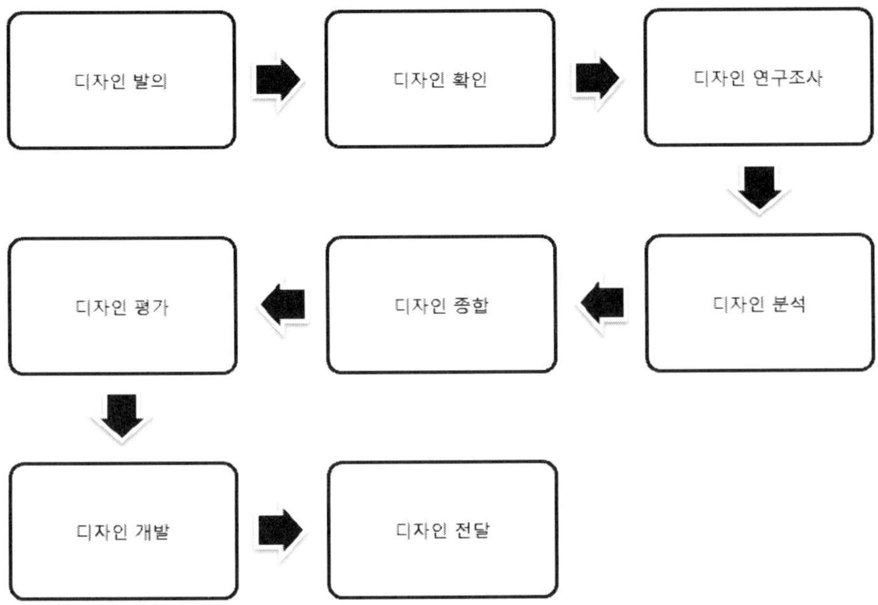

그림 4-1 제품디자인 전개과정

표 4-10 제품개발유형

분 류	내 용
모방 디자인	제품의 성능과 기능을 바탕으로 유사하게 새로운 형태와 용도를 만들어 내는 디자인
신 디자인	창의적인 새로운 제품을 만들어 내는 디자인
재 디자인	기존의 디자인을 수정, 개량하는 디자인

1. 계획단계

계획단계는 대체로 잠재적 제품 사용자들에 대한 조사와 경쟁 제품의 장, 단점의 분석을 포함한다. 특허조사와 사용권 동의를 통한 기술도입도 포함될 수 있다. 인간공학 연구에 대한 필요성이 인식되고, 적합한 실험이 수행된다. 추가로 안전과 정부나 기타 기관에 의해 규제된 표준에 대한 정보가 얻어진다. 하지만 아마도 이 단계에서의 가장 중요한 인간공학활동은 사용자 프로파일(user profile)의 준비이다. 계획단계는 대체로 제품요구서(product requirements document)로 불리는 공식적인 제품정의 서류의 배포로 끝난다. 이 서류는 사용자 프로파일, 설계의 목적, 제품의 기능적 요구와 성능요구, 모든 설계 제약조건들의 리스트를 포함한다.

표 4-11 제품 계획

분 류	내 용
개념과 특허	개발 제품의 개념과 개발하고자 하는 기술특허
시장조사	개발제품의 시장성과 관련 기술 자료조사, 시장규모
경쟁제품의 평가	개발하고자 하는 신제품과의 국내외 경쟁력 분석 및 장단점평가
설계목적	개발 제품의 주요한 설계 목적
기능분석	개발제품의 기능적 역할과 제품성능요구사항
설계제약조건	개발제품의 설계 진행시 제약조건을 파악
제품요구서	제품의 기능적 요구와 성능요구

2. 설계단계

설계단계는 대체로 사용자와 제품사이의 기능할당, 직무분석, 그리고 공학 분석으로 시작한다. 기능할당은 사용자에 의해 수행될 기능들과 자동화될 기능들을 식별하는 과정이다. 직무분석은 사용자들의 능력에 관계된다. 공학 분석은 구조적 분석과 같은 기계적 문제에서 여러 설계 대안사이의 비용 대 성능의 타협점을 찾는 판단에 이르기까지의 모든 것을 포함한다.

공식적 기술사양은 설계단계 동안의 어느 시점에서 나타나게 된다. 이 서류는 제품의 하드웨어, 소프트웨어 구조와 시제품의 설계와 구성에 필요한 다른 기술적인 상세한 것까지 묘사한다. 일단 기술적인 사양이 완성되면, 각 하부체계에 대한 예비 제도가 준비되고, 시제품이 구축된다. 설계단계 동안에 인간 공학자들은 모든 구조물에 대한 이해와 기여, 그리고 설계의 타협안 결정에 설계팀의 일원으로 참여해야 한다.

3. 검사와 검증단계

처음의 공식적인 검사들은 구성내용물(component), 구성단위(module), 하부체계(sub system) 검사들이다. 두 설계 대안이 비교되는 특별 검사방법인 비교검사(comparison test)는 설계단계 동안에 행해져야 한다. 검사와 검증단계 동안의 하부체계 검사는 하부체계의 특정설계가 만족한 것인지를 결정하기 위해 수행되어야 한다. 설계과정이 계속됨에 따라 하부체계는 시제품으로 집합된다. 시제품은 성능과 신뢰성을 평가하기 위해 전형적인 사용자에 의해 검사된다. 이들 검사로부터 얻어진 자료는 재설계를 위한 방향을 제공한다. 인간공학 전문가들은 행동과학에서의 오랜 훈련 때문에 유일하게 이들 검사를 수행할 자격이 있다. 시제품이 예상대로 성능이 나오지 않았다면, 수정되고 재검사되어야 한다. 수정과 재검사 과정은 만족한 성능이 성취될 때까지 계속되어야 한다. 이들 검사는 대체로 실험실에서 행해지며 개발검사(development test)라고도 불린다.

개발검사를 뒤이어 운용환경에서 수행되는 검증이 이루어져야 한다. 상업제품의 경우, 초기검증은 대체로 제품을 생산하는 회사 내의 기밀장소에서 행해진다. 결함의 초기 발견은 재설계를 용이하게 하며, 재설계 비용을 최소로 유지시킬 수 있다. 사용자 매뉴얼을 준비하는데 필요한 노력의 양은 제품사용성의 암시를 제공하여 준다. 예를 들어 사용자 매뉴얼을 만들기 어렵다면, 그 제품은 사용하기 어려울 것이다. 재설계는 그 제품의 조작을 간단히 하기 위해 필요할 수도 있다.

표 4-12 검사 및 검증

분 류	내 용
하부체계 검사	시제품은 성능과 신뢰성을 평가하기 위해 전형적인 사용자에 의해 검사
사용자 매뉴얼의 초안	사용자 매뉴얼의 초안은 시제품이 처음으로 사용자 검사에 임하기 전에 준비
시제품구성	설계내용에 따라 시제품을 제작
시제품의 사용자검사	제품의 안전 과 기술적인 검증
시제품 수정 및 재검사	결함의 초기 발견을 고려하여 재설계를 용이하게 하며, 재설계 비용을 최소로 함
검증작업	제품의 안전 과 기술적인 검증
사용자 매뉴얼 수정	초안에서 변경된 부분을 최종안에 맞게 매뉴얼 수정

4. 생산단계, 시장성과 평가단계

제품개발의 마지막 두 단계는 설계와는 직접적인 관련이 없다. 산업 인간공학자(industrial ergonomist)와 산업공학자가 생산과 분배에 관련된 문제를 해결하는데 책임이 있다.

표 4-13 시장성 및 평가

분 류	내 용
제품분배 및 판매	생산 제품의 시장에 제품 분배 및 판매 실시
사용자 조사	제품의 사용자를 대상으로 시장조사 실시
제품 재검토	품질평가 및 제품의 재검토 실시

4.4 제품설계와 색채 디자인

1. 컬러마케팅

브랜드 포지셔닝(특정 제품이 경쟁 제품과 비교하여 소비자의 마음속에 자리 잡는 것)을 위해 컬러를 이용하는 전략이다.

2. 컬러마케팅의 시초

1920년 미국 파커(Parker)의 빨간색 만년필(립스틱을 이미지화)

⇒ 기존의 검은색, 갈색 계열의 만년필에 대한 고정관념을 깨고 시장을 석권

3. 왜 컬러마케팅인가?

① 불황의 지속으로 인한 탈출시도

② 여성구매력의 증가

③ 젊은 층 고객을 타깃으로 한 업종 제품 증가 : 불닭집, 패스트푸드점, 브랜드화장품 등

4. 대한민국, 레드에 물들다.

전통적으로 우리나라는 빨간색을 기피의 대상으로 삼아 왔다.

빨간 색은 혁명의 색이며, 붉은 피를 상징하는 튀는 색으로 분류 되어왔다. 그러나 이러한 취급을 받던 빨간색이 요즘처럼 국민들의 시선을 한 몸에 받은 적도 없었던 듯하다.

그림 4-2

코카콜라는 이미 1930년대 초, 레드마케팅을 이용해 '산타클로스'를 탄생시켰고, 세계인의 가슴에 '크리스마스➡산타➡빨간색➡코카콜라'의 이미지를 떠올리게 만들면서, 오늘날 전 세계적으로 가장 유명한 컬러마케팅 중 하나로 손꼽히고 있다.

2006년 독일 월드컵 당시에는 한국축구대표팀과 붉은 악마를 이용한 광고를 내세워 '빨간색➡대한민국 대표팀➡코카콜라'의 이미지를 소비자들에게 인식시킨 것으로 유명하다.

5. 업종별로 레드를 다르게 사용 한다

국내외 우량 기업들이 기업 아이덴티티(CI. Corporate Identity)를 위해 기업 로고에 레드를 어떻게 활용하고 있는지 조사해 보았다.

① 에너지, 정유는 빨간색 물결(뜨겁고 활동적 이미지 강조)
② 화학, 의약에서는 레드와 블루 함께 사용
③ 전자 분야에서는 레드보다는 블루 (안정감과 신뢰감 강조)
④ 자동차 분야에서는 레드와 블루가 비슷하게 사용됨

6. 결 론

컬러마케팅은 현재 마케팅 전략에서 중심적 요소로 전개되고 있으며 이는 뛰어난 색채감각을 지닌 신세대 소비시장의 비중이 높아지고 정보화, 국제화 사회의 도래에 따른 소비자들의 제품에 대한 높은 기대감으로 인해 필연적으로 등장할 수밖에 없었다. 또한 컬러마케팅은 이제 컬러를 단순한 색상이 아닌 하나의 경쟁력을 가지고 있는 디자인의 요소로 크게 자리 잡고 있음을 명확하게 나타내주고 있다.

지금까지 우리가 무의식중에 받아들이고 있던 레드마케팅과 성공사례를 살펴보면서 기업이 앞 다투어 레드컬러를 기업이미지와 제품에 반영하였던 이유와 성공과의 연관성을 느낄 수 있는 시간이었다. 또한 다른 경쟁사 제품과의 차별화를 위해 레드 컬러에 대한 고정관념을 깨야 톡톡 튀는 효과적인 마케팅이 나올 수 있음을 알 수 있었다.

광고는 일단 사람들의 주목을 끌어내는 것이 무엇보다 중요하기 때문에 단숨에 가장 효과적인 것은 레드일지 모른다. 그러나 넘치는 것은 부족한 것만 못하다는 격언이 레드에도 그대로 적용된다. 과거에는 레드가 고귀한 색, 신분이 높은 사람들만이 사용할 수 있는 색이었다면, 현재에는 오히려 희소가치가 떨어지게 되어 레드는 헤픈 색, 천박한 색으로까지 저평가 되고 있다. 그러므로 이제는 레드를 차별적으로 사용하는 기업만이 살아남을 수밖에 없을 것이다. 온통 빨간색 투성이인 현대사회에서 빨간색의 위상을 높이고, 대중적이면서도 고급스럽고 세련된 이미지로 재조명 하는 것은 기업의 차별적이고 실용적이며, 무분별하지 않는 브랜드화 전략과 이를 받아들이는 소비자의 몫으로 남게 되었다.

비타민 C를 함유한 여성 기초 브랜드 오렌지색 엔시아는 초창기 화장품 업계 컬러 마케팅의 성공적인 모범 사례다. 광고는 물론 영업사원의 복장, 매장의 색채에 까지 적용된 오렌지색은 "비타민 C화장품 = 오렌지색 엔시아'라는 등식을 소비자들에게 빠르게 전파시켰다. 이로 인해 오렌지색 엔시아는 발매 4개월 만에 매출 100억원을 달성하고 99년도 각종 매체 화장품부문 히트 상품에 선정되며 국내 화장품 업계의 성공적인 컬러 마케팅으로 평가 받았다.

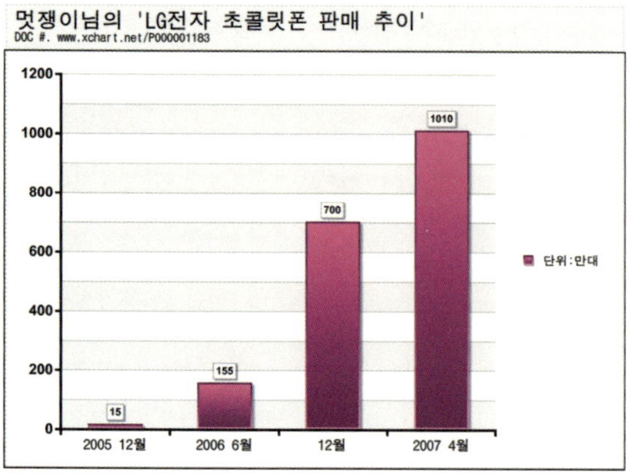

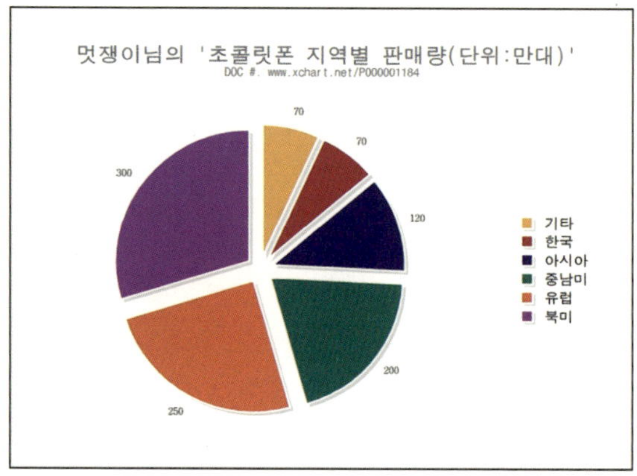

그림 4-3 매출효과

하지만 빠르게 변화하고 있는 컬러디자인 트랜드와 소비자의 마음을 충족시키기 위해서는 기존 컬러마케팅을 탈피한 새로운 컬러 마케팅을 펼쳐야 하며 더 나아가 경쟁업체들과의 경쟁에서 확실한 우위에 설 수 있는 브랜드 차별화 전략이 필요할 것이다.

표 4-14 색채 디자인 프로세스와 색채계획

분 류	내 용
기획과정	① 색채 디자인 대상의 기획 ② 시장 조사
디자인과정	① 색채 분석, 색채 계획서 작성 ② 색채 디자인
제품소재과정	① 소재 및 재질결정 ② 제품 계열별 분류
시작품/생산과정	① 시제품 제작 ② 제품 생산
홍보 사업화	① 제품홍보 ② 사 업 화

4.5 색채디자인 실습사례

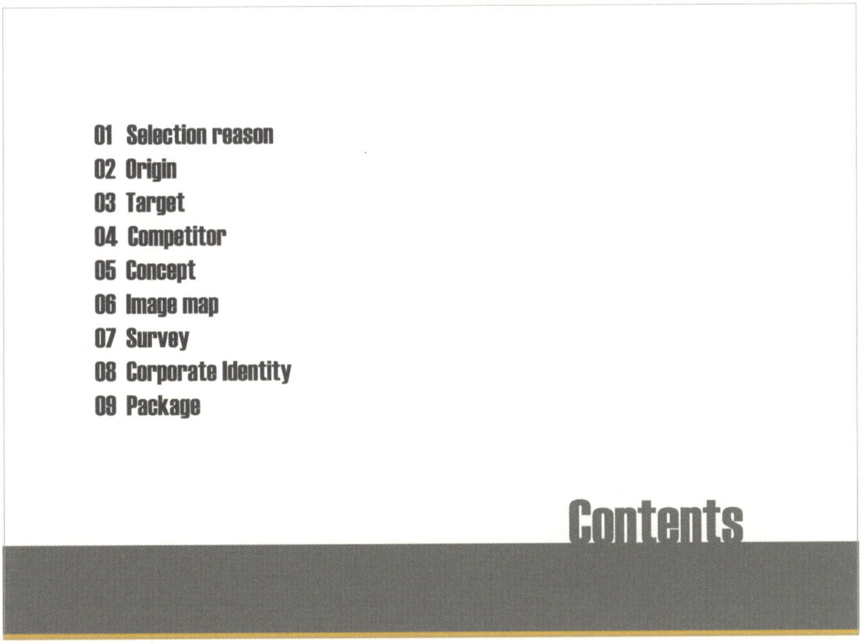

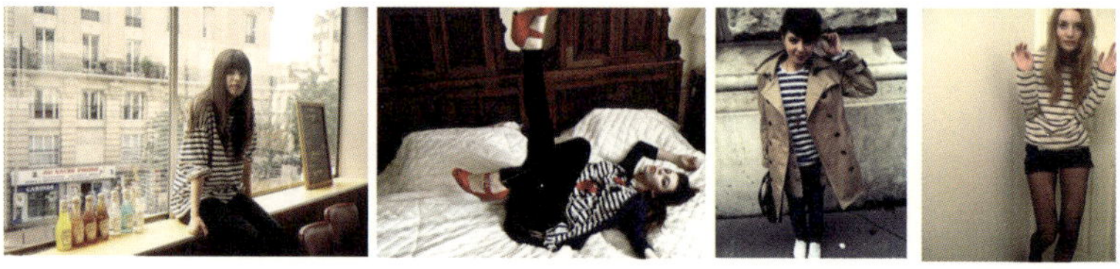

가장 기본적인 아이템 중 하나로, 티셔츠 한 장 만으로도 다양한 스타일을 연출할 수 있기 때문이다.

Selection reason

티셔츠가 완전히 미국의 전유물이었음에도 불구하고 그 발생은 유럽이었다.
1890년 영국 빅토리아 여왕이 군함을 검열했을 때 함장은 속옷을 노동복으로 착용했던 선원들의 겨드랑이 털을 보고 여왕이 불쾌감을 느끼지나 않을까 싶어 선원들에게 짧은 소매를 속옷에 꿰매도록 지시했다. 이것이 티셔츠의 첫 유래라 전해지고 있다.

Origin

10대 후반 – 20대 중반

빠르게 변화하는 트렌드 속에서 유행을 쫓아가야 하고, 유행에 민감하지만 그 속에서 남들과 다른 개성을 추구하는 나이 대

Target

Design Tshirts Store graniph
www.graniph.com

일본 브랜드

여러 아티스트와 디자이너와의 작업을 통해 다양한 그래픽을 프린트한 독특한 티셔츠를 매주 새롭게 선보인다.

Competitor

UT 일본 브랜드
UNIQLO T-SHIRTS Project

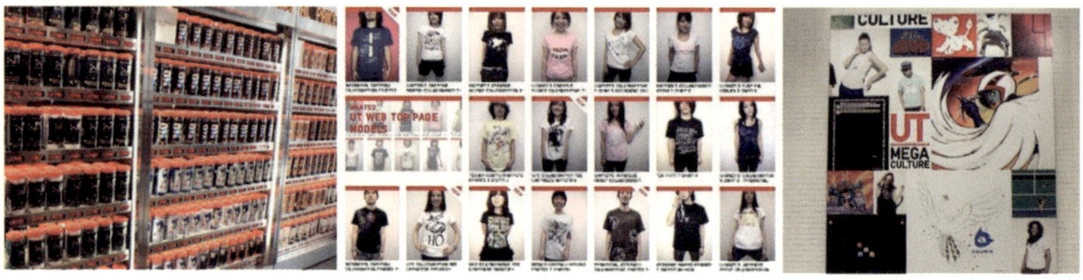

디자이너, 혹은 기업의 모티브나 연예인들이 콜라보레이션한 디자인 위주로 티셔츠들이 시즌별로 대거 탄생한다. UT project가 더욱 매력적인 이유 중 하나는 각 디자인 별로 패키지(라벨디자인)이 다르다.

Brand + Artist + Design award

↓↓↓

다양성, 개성

여러 아티스트와의 콜라보레이션, 일반인들을 대상으로 한 공모전 등을 통한 티셔츠제작으로 다양성과 개성을 추구하며, 소량생산을 통한 빠른 로테이션으로 인해 늘 새로운 디자인을 볼 수 있다.

Concept

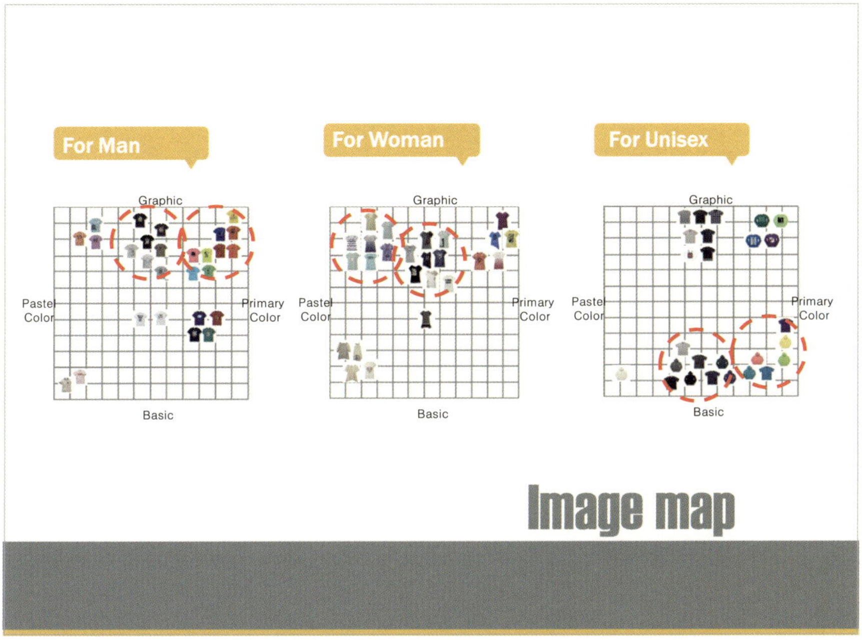

1. 귀하의 성별은 무엇입니까?
① 남자 ② 여자

2. 귀하의 나이 대는 ?
① 10대 후반 ② 20대 초반 ③ 20대 중반 ④ 20대 후반 ⑤ 기타

3. 현재 가지고 있는 티셔츠 중 가장 많은 종류는 어떤 것 입니까?
① 민소매 ② 반팔 ③ 긴팔 ④ 후드 ⑤ 기타( )

4. 주로 티셔츠를 구매하는 곳은 어디입니까?
① 매장 ② 백화점 ③ 인터넷 ④ 보세샵 ⑤기타( )

5. 티셔츠를 선택할 때 중요시 하는 것은 무엇입니까?
① 소재 ② 컬러 ③ 그래픽 ④ 브랜드 ⑤ 가격

6. 주로 어떤 가격대의 티셔츠를 선호하십니까?
① 1만원 미만 ② 1만원이상~ 2만원 미만 ③2만원이상 ~ 3만원 미만
④3만원이상~ 4만원 미만 ⑤4만원이상

7. 선호하는 브랜드는 무엇입니까?
( )

8. 주로 선호하는 티셔츠 컬러는 무엇입니까?
① 파스텔 ② 원색 ③ 무채색 ④ 기타( )

9. 그래픽티셔츠 중 선호하는 그래픽 스타일은 무엇입니까?
① 캐릭터 또는 일러스트 ② 타이포 ③ 나염 ④패턴 ⑤기타( )

10. 티셔츠 구입시 패키지 디자인도 중요 부분 중 하나라고 생각합니까?
① 매우 그렇다 ②조금 그렇다 ③보통이다 ④그렇지 않다 ⑤전혀 그렇지 않다

Survey

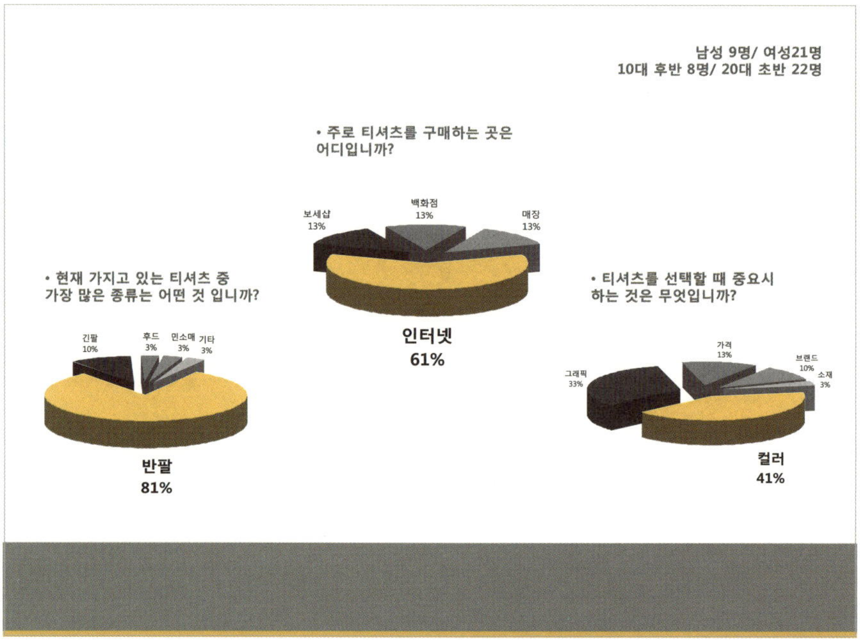
남성 9명/ 여성21명
10대 후반 8명/ 20대 초반 22명
• 주로 티셔츠를 구매하는 곳은 어디입니까?
보세샵 13%
백화점 13%
매장 13%
인터넷 61%
• 현재 가지고 있는 티셔츠 중 가장 많은 종류는 어떤 것 입니까?
긴팔 10%
후드 3%
민소매 3%
기타 3%
반팔 81%
• 티셔츠를 선택할 때 중요시 하는 것은 무엇입니까?
가격 13%
브랜드 10%
소재 3%
그래픽 33%
컬러 41%

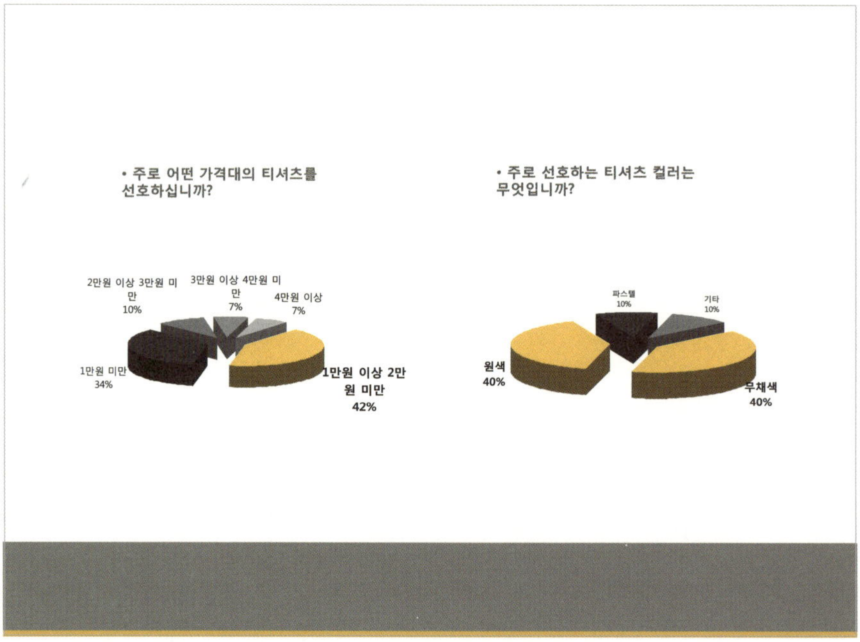
• 주로 어떤 가격대의 티셔츠를 선호하십니까?
2만원 이상 3만원 미만 10%
3만원 이상 4만원 미만 7%
4만원 이상 7%
1만원 미만 34%
1만원 이상 2만원 미만 42%
• 주로 선호하는 티셔츠 컬러는 무엇입니까?
파스텔 10%
기타 10%
원색 40%
무채색 40%

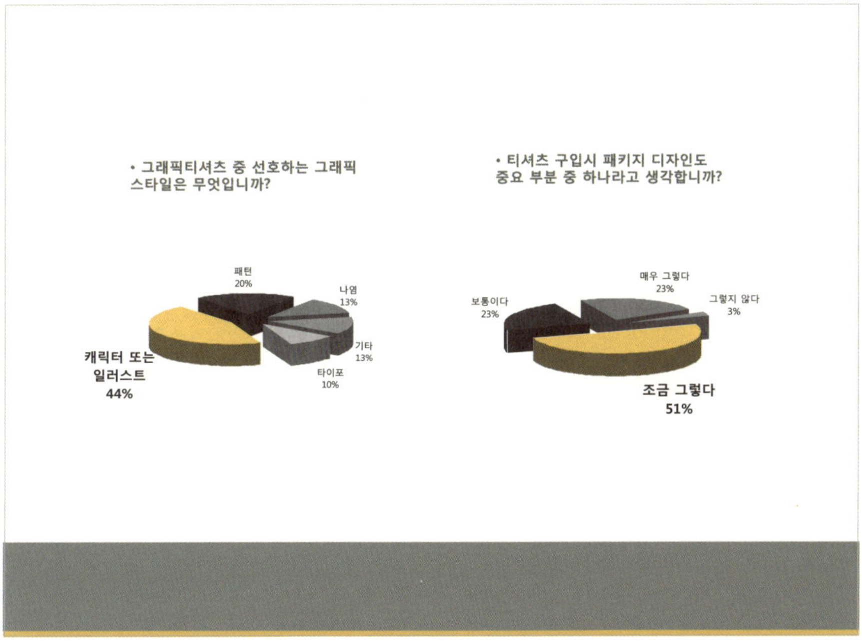
• 그래픽티셔츠 중 선호하는 그래픽 스타일은 무엇입니까?
패턴 20%
나염 13%
기타 13%
타이포 10%
캐릭터 또는 일러스트 44%
• 티셔츠 구입시 패키지 디자인도 중요 부분 중 하나라고 생각합니까?
매우 그렇다 23%
그렇지 않다 3%
보통이다 23%
조금 그렇다 51%

Corporate Identity

SHIRT
MAKER

SHIRTMAKER

여러 아티스트와의 콜라보레이션, 일반인들을 대상으로
공모전 등을 통한 티셔츠제작을 컨셉으로 하여
내가 만든 티셔츠를 입을 수 있다는 의미를 강조

일반적으로 많이 쓰이는 종이재질의 쇼핑백.
현재는 쇼핑백이 단순히 물품을 담아주는 개념이 아닌 회사의 아이덴티티를 부여하고 걸어
다니는 광고의 소재로 쓰이면서 더욱 다양해지고 있다.

Package

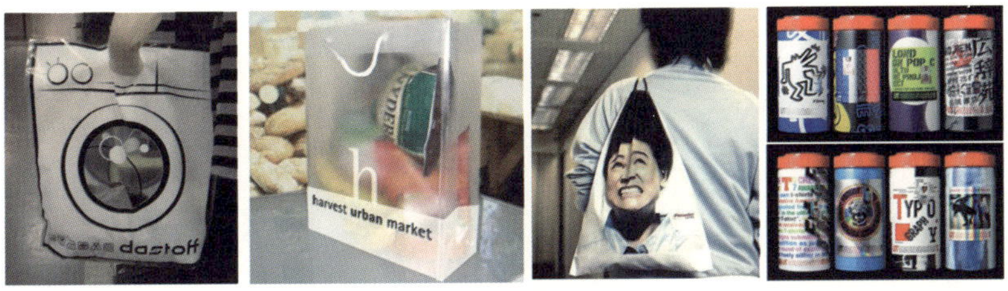

종이 재질 외에 비닐소재 이거나, 안이 보이거나, 멜 수 있는 등 다양하고 개성 있는 재질과 재미를 부여하고 있다.

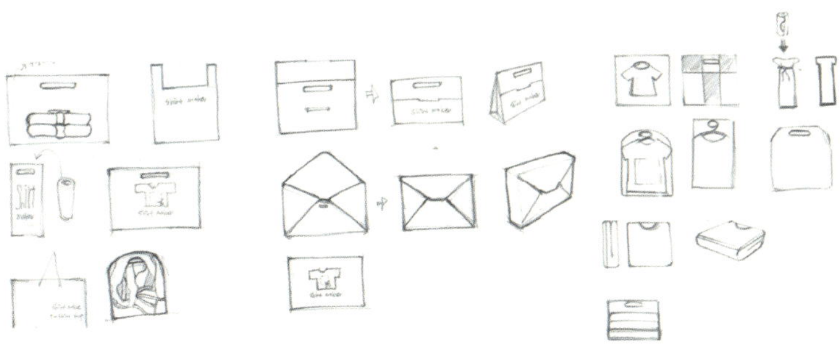

Basic tag

'SHIRT MAKER'에서 생산되는 모든 T에 붙여지는 기본 tag.

Award tag

일반인을 대상으로 하는 디자인 공모전에서 수상한 T에 붙여지는 tag.

Collaboration tag

여러 아티스트들이 직접 디자인에 참여한 T에 붙여지는 tag.

로고의 형태를 오려내어 뒷면이 보이는 형식이고,
딱딱하고 무 광택 재질.

반투명 커버에 뒷 첫 장이 비치도록 하는 형식.

4.6 제품 생산 관리

1. 생산 관리

기업이 소유하고 있는 재화나 용역으로 고객의 요구에 부응하는 최선의 제품이나 서비스를 적정한 비용으로 신속하게 개발하여 생산할 수 있도록 관련된 활동을 계획, 조정, 통제하는 과정을 말한다.

생산관리의 단순화는 제품 생산과 관련된 다양한 작업 요소 중에서 필요 없거나 중요하지 않은 부분들을 제거하고 작업 절차를 간소하게 하는 것을 말하고, 표준화는 제품의 크기, 형태 등에 대하여 기준을 설정하여 대량 생산하는 방식이다. 그리고 생산 방법과 생산 수단에 대한 과학적 연구와 관찰을 통하여 작업 과정을 통일하는 것을 말하며, 전문화 생산 활동에서 작업을 공정과 제품의 특성에 따라 분업화함으로서 전문성을 높이는 것을 말한다.

작업 관리란 생산 활동의 여러 과정 중에서 작업 요소를 조사, 연구하여 합리적인 작업 방법을 설정하고, 작업 표준에 의해 작업 활동을 계획, 조직, 통제하는 관리 활동을 말한다. 공정 관리란 공정 과정에 필요한 인적, 물적 요소를 유기적으로 결합하고 관리하는 방식이고, 재고 관리는 자재를 관리할 때 생산과 소비가 시기적으로 일치하지 않은 경우에 그 격차를 해소하기 위해 재고 수준을 유지, 관리하는 방식을 말한다. 품질관리(QC : quality control)는 용도, 성능, 가격 등에서 소비자가 요구하는 품질의 제품을 생산하기 위해 설계에서 완성에 이르기까지 품질을 유지, 향상시키기 위한 관리이다.

표 4-15 생산관리 분류

	내 용
작업 관리	생산 활동의 여러 과정 중에서 작업 요소를 조사, 연구하여 합리적인 작업 방법을 설정하고, 작업 표준에 의해 작업 활동을 계획, 조직, 통제하는 관리
공정 관리	공정 관리란 공정 과정에 필요한 인적, 물적 요소를 유기적으로 결합하고 관리하는 것으로 생산성의 향상을 시키는 관리
자재 관리	재고 관리는 자재를 관리할 때 생산과 소비가 시기적으로 일치하지 않은 경우에 그 격차를 해소하기 위해 재고 수준을 유지, 관리
품질 관리	품질 관리(QC : quality control)는 용도, 성능, 가격 등에서 소비자가 요구하는 품질의 제품을 생산하기 위해 설계에서 완성에 이르기까지 품질을 유지, 향상시키기 위한 관리

소비자에게 만족을 줄 수 있는 제품을 가장 경제적으로 생산할 수 있도록 생산의 모든 단계에 통계학적인 원리와 기법을 활용한 과학적인 통계적 품질 관리와 제품 설계, 생산 기술, 제조, 검사, 유통 기구, 마케팅 활동 등에 이르기까지 품질에 영향을 끼칠 수 있는 기업의 각 부문의 활동을 종합적으로 관리하는 제도 종합적 품질 관리로 분류한다.

그리고 산업공학의 시스템공학이란 시스템에 관련된 복잡한 문제들을 해결하기 위해 이 문제에 관련된 모든 이해당사자의 요구사항을 만족시키기 위한 학제간의 종합적 접근법을 의미한다. 시스템공학은 한 개인에 의해서 달성될 수 없고, 각 공학 분야 및 비공학 분야의 전문가와 기능조직으로부터의 사람들이 모여서 그들의 기술과 지식을 통합하여 시스템의 문제해결이 필요한 모든 대상에게 효율적이고 효과적으로 그 해법을 찾아내는 것을 말한다.

2. 동시공학과 시스템공학

동시공학(Concurrent Engineering)은 제조 및 지원을 포함하여 제품 및 관련 프로세스의 통합 및 동시설계를 위한 체계적인 접근방법입니다. 이 접근방법은 제품 개발 초기부터 개발자들이 품질, 비용, 스케줄 및 사용자 요구를 포함하여 제품 개념부터 폐기에 이르는 제품 수명주기의 모든 요소를 고려하여 제품을 설계하도록 한다. 동시공학이 포함된 시스템공학을 적용할 경우 설계, 생산, 투입, 보급 및 특수 분야 엔지니어들을 동시에 참여시킬 경우, 개발 초기 설계단계에 인력과 노력이 집중되지만, 개발 후기에 전반적인 Task, 비용 및 기술적 변경사항을 줄일 수 있다고 조사되었다. 여기서 얻을 수 있는 구체적인 이득은 제품 개발 기간 단축, 설계 변경 요청 건수 단축, 재설계와 재작업량 절감, 제조비용 절감 등이다.

4.7 제품세부설계

1. 기초설계

기초설계는 제품 분석을 상세 설계화 시키기 전에 대략적 스케치 작업이라 할 수 있다. 즉 분석에 나타난 사항을 현실화 시키는 1차 작업이라고 할 수 있다. 이때는 주로 분석 작업을 토대로 하여 개괄적 설계를 진행하게 되며, 다음의 사항이 진행 된다. 분석에 나온 결과를 토대로 연령, 지역, 특성, 취향 등의 고객정보를 간략하게 정리하고자 하는 서비스 또는 사이트에 대한 개략적인 설명을 정의하는 단계이다. 분석에 따라서 이번에 하고자 하는 것이 어떤 것이고 어떤 목적과 어떤 성향을 가지고 어떤 서비스를 할지에 대한 명확한 정의를 하는 것이다. 이때 하고자 하는 것에 대한 목표와 개념적인 서비스나 회사에 대해서 정의를 한다.

표 4-16 기초설계

분 류	내 용
고객성향파악	분석에 나온 결과를 토대로 연령, 지역, 특성, 취향 등의 고객 정보를 간략하게 정리한다.
제품 특성	제품의 장단점을 기준으로 특징을 설정
제품 개념설계	신제품의 개발에 대한 초안 설계
트랜드 성향 분석	제품의 관련한 신속 아이템모아 성향 분석

2. 개념설계

분석을 통해 얻은 정보를 토대로 설계에 들어갈 사이트나 서비스에 대해서 1차적인 개념설계를 하게 된다. 이때는 사이트나 서비스에 대해서 보다 구체적인 접근을 하게 되고 실제 상세설계를 들어가기 전에 이것을 토대로 제품개발 구성원 및 기업 관련자와 의견조율을 하게 되는데 이때 큰 틀의 설계 작업이 완료되게 된다. 공학설계과정이란, 어떤 목표에 도달하기 위하여 행하는 일련의 설계 작업에 따른 활동. 즉, 조사, 분석, 검토를 논리적으로 전개하고 문제를 해결하는 순서는 다음과 같다.

표 4-17 개념설계

분 류	내 용
문제의 발견	프로젝트 테마 선정
문제의 명확화	프로젝트의 문제를 명확화하고 설계사양을 결정.
아이디어 도출	기본적 아이디어를 도출하고 더욱 개선.
평가 및 선정	간략하게 아이디어를 평가하고 선정함.
아이디어의 구체화	간략하게 아이디어를 구체화함.

3. 최적설계

설계라는 것은, 물건 즉 제품에 요구되는 기능·성능, 또는 비용을 충족시키기 위해 제품에 사용하는 재료와 기구, 구조 또는 가공법 등을 결정 하는 것이다. 그 때문에 제품을 설계하여 시작품을 만들고 해석과 실험을 통하여 요구되는 사양의 만족여부를 평가 한다. 그러나 일반적으로 이들 요구사양들은 서로 모순되는 경우가 있다.

표 4-18 최적화 특성

요구사항	설계안	평가
경제성	저렴한 재료 설계·제작시간의 단축	제조비용이 낮고 안전성을 결여됨 품질의 저하
편리관성	가볍다 고가(高價)의 재료	안전성과 가공법을 검토 제조비용이 높다
견고성	튼튼한 구조 고가의 재료	안전성이 높다 제조비용이 높다

이러한 점에서 복수의 설계안에 대해 평가를 하여, 설계안의 범위를 주정 조율을 한다.

최적해석은 다양하게 수행되고 있으며 기계 설계 설계분야로는 기어설계와 해석, Vertual test, 기어가공과 열처리 시뮬레이션의 복합 동력전달시스템 전용 소프트웨어 솔루션과 전용 템플릿, 소재의 물성과 베어링 윤활 등의 자료가 함께 있다. 기어설계와 개발의 비용과 시간을 반으로 단축하고 품질과 성능을 더 좋게 개선할 수 있다.

표 4-19 CAD vs CAE vs 최적설계

요구사항	내 용
CAD	연구개발과 시험을 위하여 컴퓨터로 형태와 성능과 구조를 설계하는 것
CAE	CAD로 설계한 것을 시작품을 만들지 않고 컴퓨터 시뮬레이션과 수치 해석을 하여 성능과 품질 문제점의 개선
최적설계	위와는 역 방향으로 CAD를 하기 전에 성능 품질 원가 등의 모든 요구사항을 최적화 알고리듬을 이용하여 인적 지능 대신에 컴퓨터를 이용하여 최적 설계 변수를 먼저 찾아낸 후에 CAD에서 설계
기타	CAD, CAE, 최적설계 같은 로직이 핵심인 설계 소프트웨어는 용도가 광범위한 해결사로서 digital solution

베어링의 자동설계와 3D LTCA & NVH 해석과 연비예측, Rotor Dynamics, 구조 내구 성능 시뮬레이션을 수행 한다. 자동차뿐만 아니라 항공기 선박, 풍력 증속기, 모터 기어, 기계류의 미션과 액슬의 전 분야에 대하여 최적설계와 가공공정 모델링과 연성해석, 최적기어비의 예측과 연비, 가속성, 등판능력 같은 성능시뮬레이션이 가능한 Masta Cyber Engineering software이다.

표 4-20 최적설계의 특징

요구사항	내 용
제품접근성 유리	제품에 가까운 본질적인 데이터로 설계
제품 개발 신속성	빠른 제품개발 기여
기술축적	설계자의 의도 및 설계노하우 축적
제품의 일관성	제품 해석 일관화 및 자동화 Process 구축
업무능력 향상	설계팀과 해석팀과의 업무 Process 향상
원가절감	최적 설계를 통한 원가 절감
신속한 설계 변경	설계 변경에 따른 빠른 대처
최적설계 활용	MDO 기법을 활용한 최적설계 활용
제작비용 정감	Prototype 제작 감소에 따른 비용 절감

4. 제품공정 설계

제품의 효율적 생산을 위하여 생산 공정의 유형을 결정하고, 공정흐름을 분석하며, 생산 장비와 방법 등을 선택하는 장기적 의사를 결정 한다. 공정설계의 대상으로 사무, 업무, 서비스의 과정(Process)이나 제조공정 등이 있다. 공정설계의 결정요인 (by Krajewsky)으로는 자본집약도, 자원유연성, 수직적 통합, 고객참여도가 있으며, 공정결정에서 생산량의 크기(즉, 수요)는 매우 중요한 결정요인이다. 생산량이 많으면 자본집약도와 수직적 통합도는 증가하고 생산량이 많지 않으면 자원유연성과 고객참여도가 증가하게 된다.

생산 공정이나 업무의 프로세스를 근본적으로 새로운 개념으로 재설계하는 것으로 비용, 품질, 서비스, 신속성 등에서 혁신적인 개선을 추구하려는 것이다. 제조원가, 생산성 등은 프로세스설계에서 이미 70% 이상을 차지하게 된다. 생산능력의 능력척도를 살펴보면 설계능력(Design capacity), 유효능력(Effective capacity), 실제능력(Actual capacity)로 구분할 수 있다.

표 4-21 공정분류

분류	내 용
공정(Process)	자원을 소비하여 가치를 창출하는 변환과정, 서비스에서도 동일하게 적용
공정 설계	변환과정(공정)을 비용 최소화, 수익 극대화를 실현하는 시스템으로 구축하되 이를 가장 경제적으로 구축하는 과정
공정 개선	경제적으로 구축된 시스템을 보다 더 경제성 높은 시스템으로 변경하여 더 높은 가치를 창출하는 것
생산공정	원자재에서 제품에 이르는 시간, 공간과 더불어 변하는 과정, 즉 투입요소가 산출물로 바뀌는 과정

공정의 개선을 통해서 실제능력의 수준을 향상시킬 수 있으나 설계능력을 넘어서는 것은 불가능하다. 제조원가, 생산효율 등은 설계단계에서 이미 결정되므로 획기적인 생산성 향상 등을 하고자 한다면 프로세스 리엔지니어링이 효과적일 것이다. 1차적인 목적은 프로세스에 소요되는 시간과 비용을 줄이는 것이다. 시간을 단축시키기 위해서는 개발-조달-생산-판매-서비스에 이르는 공급망의 가치전달시스템을 유연하고 빠르게 운영해야 한다. 각각의 하위공정의 시간을 단축시키면 전체 공정 시간이 단축되며 관리의 가시화, 위험(Risk) 감소가 가능하며 이러한 활동은 궁극적으로 비용 절감의 효과로 이어질 수 있다. 일반적으로 실험에는 많은 시간과 비용이 소요되므로, 시행착오를 줄이기 위해서 실험 계획 단계에서 분야별 전문가들이 참여해 신중하게 검토하고 협의할 필요가 있다.

표 4-22 공정설계특성

분류	내 용
자본집약도	공정에 투입되는 장비와 인간의 숙련기술간의 구성비 장비에 투입되는 비용이 클수록 자본집약도가 높음.
자원유연성	생산설비나 종업원의 이용율과 그에 따른 경제성을 고려 자원유연성과 자본집약도는 Trade-off 관계를 보여준다.
수직적 통합	원자재 공급에서 제품의 납품까지 전체 공급망을 살펴보고 전방, 후방의 수직적 가치 사슬 중에 어디까지를 기업의 내부 활동의 범위로 통합시킬 것인가를 결정
고객 참여도	핵심사업의 강화와 보호를 위한 목적과 동일 산업 내에서 기업의 경쟁범위를 확장하려는 목적

표 4-23 공정설계단축

분류	내용
제품개발기간의 단축	동시공학, 개발로드맵관리
자재조달기간의 단축	소로트사이즈, 수직적 통합, 내재화
생산조달기간의 단축	공정개선
판매 및 유통단축	판매 및 유통기간의 단축

계획 단계에서 설계변수와 잡음인자 선정 및 수준 결정, 품질 특성치의 선정 등이 제대로 되지 않으면 실지 의사 결정에 참고할 수 있는 실험 결과를 얻을 수 없으며, 다시 실험을 해야 되는 경우가 생긴다. 일반적으로, 단 한번에 원하는 실험 결과를 얻기는 어렵지만, 초기 실험 계획 단계에서 좀 더 많은 시간을 투자하는 것이 시행착오

를 줄이고, 실험 기간과 비용을 줄일 수 있는 가장 확실한 방법이라고 할 수 있다. Design은 통계적 지식이 별로 없는 실무 엔지니어들이 제품 개발 과정에서 쉽게 실험을 하고, 결과를 분석해 제품이나 공정 설계에 반영할 수 있도록 하기 위한 수단을 제공한다.

표 4-24 Design 특징 I

분 류	내 용
1 단계	제어인자(설계변수)와 비제어인자(잡음인자)를 분리하여 실험 계획 수립
2 단계	실험 횟수를 줄일 수 있도록 직교배열표 사용.
3 단계	실험 결과 분석 및 평가방법 제시

품질의 정의 제품이 출하된 시점으로부터 성능 특성치의 변동으로 총손실은 소비자의 불만족, 시장의 잠재적인 상실, 수리비용과 폐기(Scrap), 재작업 비용을 들 수 있다. 관리할 수 없거나 관리하기 힘든 변수, 또는 관리하기 적당치 못한 변수 제어인자로 보는 것이 타당한 항목이라도, 투입 비용, 생산성 등의 문제로 실지 적용이 곤란할 경우 잡음으로 간주할 수 있다. 잡음에 대한 대응책은 일반적으로 잡음을 제거, 또는 통제하는 직접적인 방법과 잡음을 그대로 둔 상태에서 성능 특성치가 잡음에 포함 되도록 최적의 제어 인자 조합을 찾아 적용 할 수 있다.

표 4-25 잡음요소

분 류	내 용
외란 (Outer Noise)	환경 변수
내란 (Inner Noise)	마모와 같은 제품 품질 저하
불완전 제조	제조품 변동 (4M)

Design 추진을 위한 실험 계획 수립 시 제어인자, 비 제어인자, 품질 특성치의 결정은 관련 부서 실무 담당자들이 협의를 거쳐 결정할 필요가 있다.

위의 경우처럼 실험에서 가마내의 온도 분포를 제어인자로 할 것인지, 또는 비제어인자로 할 것인지 등은 실험을 계획하는 과정에서 아주 중요한 부분이라고 할 수 있다. 실지 소비자가 관심을 가지는 항목은 해당 제품의 합격/불합격보다 제품의 신뢰성이라고 할 수 있으며, 제품이 공차를 만족하더라도 품질 특성치가 목표 값을 벗어나면 출하 후 사회적 손실을 끼칠 수 있다.

고객이 원하는 요구 품질은 파손되지 않는 정도라고 할 수 있으며, 이를 기술 언어인 인장 강도 등의 품질 특성으로 변환하고, 이 품질 특성에 영향을 미치는 제어인자와 각 제어인자별 영향 정도를 찾아 분석해, 어떤 제품 특성이나 공정 특성을 관리해야 되는지에 대한 결정을 하도록 하는 일련의 과정에 대한 지침을 Design이나 QFD 등의 기법이 제공한다.

생산된 제품의 최종 품질과 비용은 제품 설계, 공정 설계 단계에서 대부분 결정되며, OFF-LINE 품질 관리 단계에서 외란, 내란의 잡음 인자에 대한 영향 및 신뢰성 평가를 하고, 대책을 세워 개선하는 것이 비용, 시간 측면에서 훨씬 유리하다. 실지 제품 설계, 공정 설계가 완료되고 난 후의 ON-LINE 품질 관리 단계에서는 외란, 내란에 대한 개선이 거의 불가능하므로, 심각한 결함일 경우 제품 개발 자체를 처음부터 다시 시작해야 되는 경우도 생길 수 있다.

표 4-26 Design 적용 단계 구분

분 류	내 용
시스템 설계	제품의 원형 개발 / 기능 시스템 연구, 전문 지식, 기술, 경험이 바탕으로 주로 제품 기획 단계에서 적용
파라미터설계	적은 비용으로 가능한 손실 함수 값을 작게 하는 제품 또는 공정의 설계 변수 발견
허용차 설계	제품 상세 설계 단계부터 양산 단계에서 적용 잡음에 둔감한 설계 변수 들의 최적 조합

제품 개발 과정에서의 Design의 적용은 아래의 3단계로 구분할 수 있다.시스템 설계 (System Design)는 제품의 원형 개발, 기능 시스템 연구와 전문 지식, 기술, 경험이 바탕으로 주로 제품 기획 단계에서 적용 한다. 파라미터 설계 (Parameter Design)설계는 적은 비용으로 가능한 손실 함수 값을 작게 하는 제품 또는 공정의 설계 변수 발견하고 분산을 작게, 동시에 평균을 목표치에 근접하도록 한다. 그리고 잡음에 둔감한 설계 변수들의 최적 조합하여 품질 특성치에 영향을 미치지 않는 인자는 경제적인 수준으로 결정한다. 이는 주로 제품 설계, 공정 설계 단계에서 적용 한다.

허용차 설계는 분산을 작게, 동시에 평균을 목표치에 근접하도록 하고 잡음에 둔감한 설계 변수들의 최적 조합한다. 품질 특성치에 영향을 미치지 않는 인자는 경제적인 수준으로 결정 한다. 주로 제품공정 설계 단계이고 품질특성치의 변동이 불만족스러울 경우, 큰 영향을 미치는 인자들을 선별적 선택 평가, 범위 결정 한다. 이 단계는 주로 제품 상세 설계 단계부터 양산 단계에서 적용 한다.

표 4-27 품질특성

분류	내용	예
망목 특성 **Nominal-the-best**	품질 특성치가 특정 목표치일 때 좋은 경우 양쪽 규격으로 관리	길이, 중량 등
망소 특성 **Smaller-the-better**	품질 특성치가 작을수록 좋은 경우 규격 상한으로 관리	마모, 진동 등
망대 특성 **Larger-the-better**	품질 특성치가 클수록 좋은 경우 규격 하한으로 관리	강도, 수명 등

파라미터 설계는 적은 비용으로 가능한 기대손실(L)을 작게하는 제품/공정 변수 값 결정하고, 품질 특성은 작게, 평균치는 목표치에 근접하도록 한다. 일반적으로 인자 X와 품질 특성 Y의 평균 또는 분산의 이론적 관계는 찾기 어려움이 있다.

표 4-28 실험의 기본 구성인자

분류	내용	예
제어인자	품질 특성치에 영향을 미치고 관리가 가능한 인자	**설계변수**
비제어인자	품질 특성치에 영향을 미치지만 관리할 수 없어 채택 안한 인자	**잡음인자**
신호인자	사용자가 요구 특성을 달성하기 위해 사용중 조정하는 입력변수	**입력변수**
출력인자	제품의 기능/신뢰성을 위해 공학적으로 측정/분석해야 하는 출력 특성	**품질 특성치**

5. 아이디어 분석 및 평가

아이디어의 분석과 평가는 그 단계가 많을수록 아이디어의 성공과 실패에 대한 확신성이 높아지나 상대적으로 비용과 시간이 많이 소요된다. 일반적인 평가단계는 사내 전문가 및 관련자에 의한 사내, 질적 평가, 양적, 제품테스트, 실험판매, 시장도입 등으로 나누어 볼 수 있습니다. 사내 질적 평가만으로 아이디어를 평가하는 경우, 좋은 아이디어를 버리게 되는 오류를 범할 수 있어 기업 내 각 부문과 관련된 평가요소를 작성한 평가표에 의해 양적평가를 하게 된다.

표 4-29 기업아이디어 평가지표 사례

분류	평가요소	가중치	점수	가중평가치
전략	기업이미지 수익성 중장기 계획			
기술	기술개발 정도 기술개발기간 기술의 응용성 기술개발비			
마케팅	타제품과 충돌 여부 제품의 수명정도			

4.8 평가방법

1. 평가 반영 비율

표 4-30 평가비율

	기술평가				개인평가 (20)	합계 (100)
	설계작품 기술성 (40)	제품 발표자세 (10)	제품기술보고서 (10)	기타(대회입상,논문제출) (20)		
점수						

(1) 발표평가(10점)

표 4-31

구 분	평가기준	
참여도	팀원간 역할분담이 우수하다	3
	팀원간 역할분담이 보통이다	2
	팀원간 역할분담이 미흡하다	1
표현정도	발표내용 전달이 우수하다	3
	발표내용 전달이 보통이다	2
	발표내용 전달이 미흡하다	1
발표자료준비	발표자료가 체계적으로 우수하게 준비되었다	4
	발표자료가 보통정도로 준비되었다	3
	발표자료가 다소 미흡하게 준비되었다	2
	발표자료가 부족하게 준비되었다	1

(2)제품기술보고서(10점)

표 4-32

구　분	평가기준	
보고서(5)	기술보고서 작성이 매우 우수하다	5
	기술보고서 작성이 보통이다	4
	기술보고서 작성이 부족하다	3
	기술보고서 작성이 매우 미흡하다	2
	기술보고서 제출하지 못했다	1
설계기록(5)	설계과정 기록이 매우 우수하다	5
	설계과정 기록이 우수 하다	4
	설계과정 기록이 보통 이다	3
	설계과정 기록이 미흡 하다	2
	설계과정 기록이 없다	1

(3) 설계작품기술성(40점)

표 4-33

구 분	내 용	평가기준	
재품 기술성 (10)	문제해결과 기술성	우수기술과 성과가 기대 된다	10
		제품에 우수 기술이다	8
		제품기술이 보통이다	6
		제품기술이 미흡한편이다	4
제품 신뢰성 (10)	제품 견고함과 신뢰성	제품이 견고하고 신뢰성이 기대된다	10
		제품이 견고하지만 견고성이 다소부족하다	8
		제품이 일반적이고 구조적으로 부족하다	6
		제품의 견고성이 많이 부족하다	4
제품 심미성 (10)	제품의 완성도 심미성	제품의 완성도가 아주 높다	10
		제품의 완성도가 우수 하다	8
		제품의 완성도가 보통 이다	6
		제품의 완성도가 미흡 하다	4
제품 경제성 (10)	제품품질의 경제성	재료사용을 최소화 하였다	10
		재료가 최소화되었으나 구조에 부족함이 있다	8
		재료를 모두 사용하였다	6
		재료가 부족하여 추가 지급되었다	4

(4) 기타 경진대회(자제기술)(20점)

표 4-34

구 분	평가기준	
교수평가(15)	경진대회 성적 상위 10% 이상	15
	경진대회 성적 상위 11-30% 이상	13
	경진대회 성적 상위 31-50% 이상	11
	경진대회 성적 상위 51-70% 이상	9
	경진대회 성적 하위 30% 이하	7
동료평가(5)	경진대회 성적 상위 10% 이상	5
	경진대회 성적 상위 11-30% 이상	4
	경진대회 성적 상위 31-50% 이상	3
	경진대회 성적 상위 51-70% 이상	2
	경진대회 성적 하위 30% 이하	1

(5) 개인평가(20)

표 4-35

구 분	항 목	기 준	점 수
이론	중간/기말	시험성적	0-20

4.9 창의공학설계 - 제품디자인사례

창의 디자인개발 사례 1

■과제명 : 디자인 설계

1) 과제명 : 제품 디자인

2) 디자인 설계과정

디자인 발의→디자인 확인→디자인 연구조사→디자인 분석→디자인 종합→디자인 평가→디자인 개발

3) 제품디자인 설계

  1) 기초설계안 검토
    - 진단 검토
    - 기본설계 방안
  2) 설계 구성
    - 기본설계 구성안
    - 기본설계 수정보완
  3) 디자인 설계 방안
    - 디자인 설계
    - 디자인 색상
    - 제품설계
  4) 신개념 제품설계

4) 제품 디자인

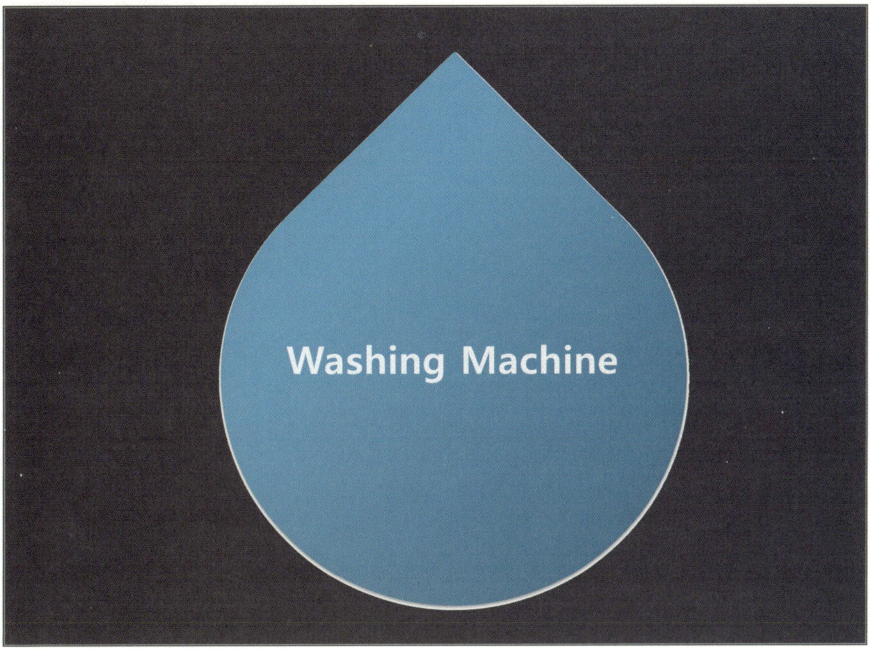
Washing Machine

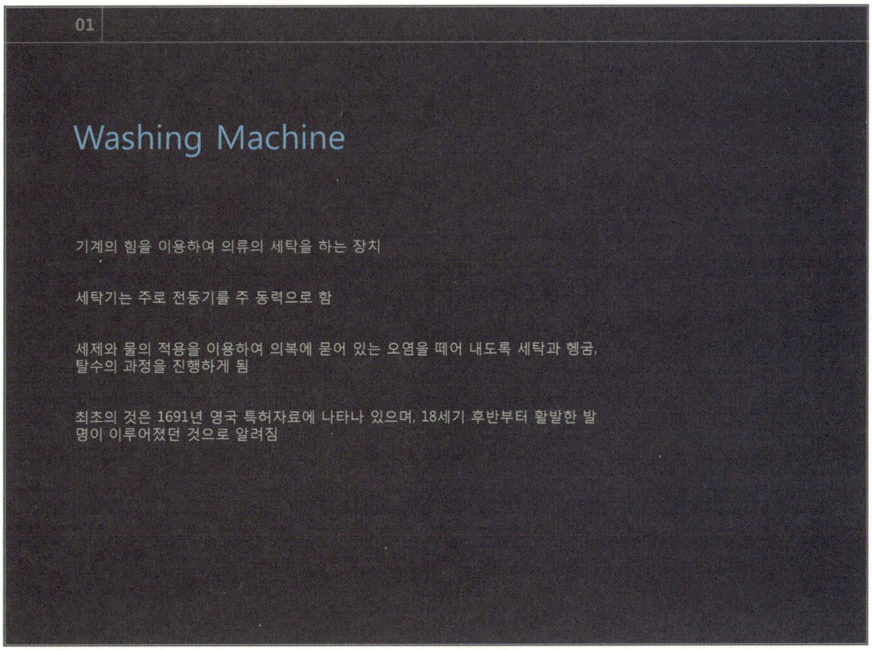
01
Washing Machine
기계의 힘을 이용하여 의류의 세탁을 하는 장치
세탁기는 주로 전동기를 주 동력으로 함
세제와 물의 적용을 이용하여 의복에 묻어 있는 오염을 떼어 내도록 세탁과 헹굼,
탈수의 과정을 진행하게 됨
최초의 것은 1691년 영국 특허자료에 나타나 있으며, 18세기 후반부터 활발한 발
명이 이루어졌던 것으로 알려짐

02

Top-loading washer / Front-loading washer

03

Top-loading washer

- **원리**

  세탁물이 담긴 통을 회전시켜 그 물살로 세탁하는 방식

- **장점**

  세탁물이 많아도 세정력이 우수함

- **단점**

  옷의 꼬임이 발생한다

04

Front-loading washer

- **원리**

  세탁물이 담긴 통을 회전시켜 떨어지는 물로 세탁하는 방식

- **장점**

  세탁물을 꺼낼 때 편리하다
  일반 세탁기보다 물을 절약할 수 있다
  일반 세탁기보다 옷의 꼬임이 덜하다

- **단점**

  일반세탁기보다 세정력이 우수하지 않다

05

Non-electricity Washing Machine

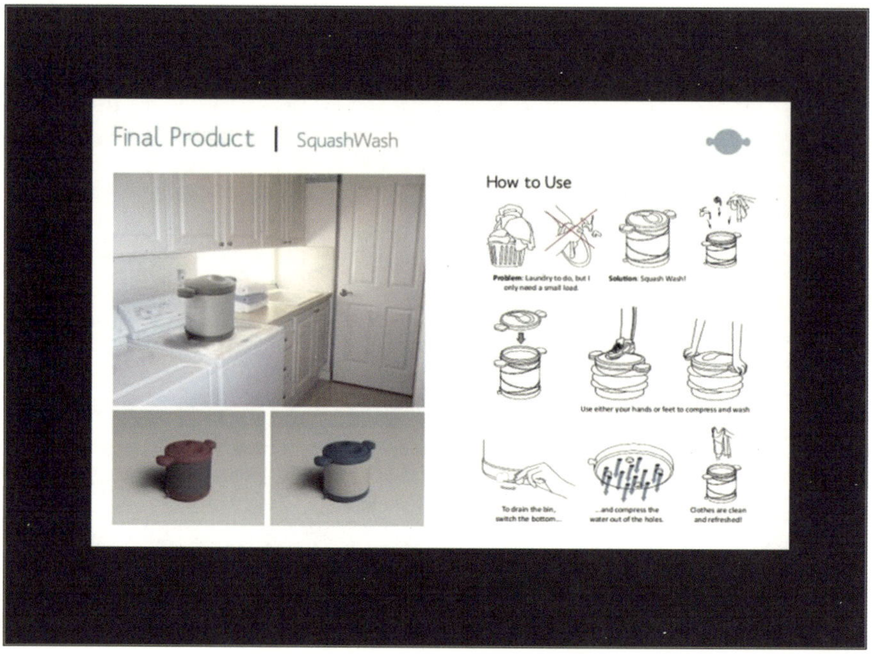
Final Product | SquashWash
How to Use
Problem: Laundry to do, but I only need a small load.
Solution: Squash Wash!
Use either your hands or feet to compress and wash
To drain the bin, switch the bottom...
...and compress the water out of the holes.
Clothes are clean and refreshed!

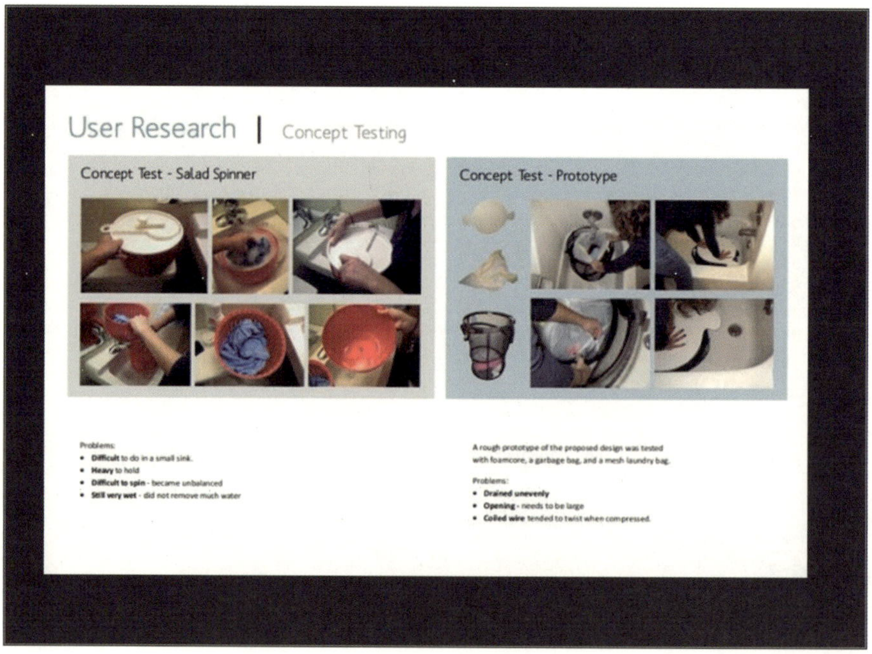
User Research | Concept Testing
Concept Test - Salad Spinner
Concept Test - Prototype
Problems:
Difficult to do in a small sink.
Heavy to hold
Difficult to spin - became unbalanced
Still very wet - did not remove much water
A rough prototype of the proposed design was tested with foamcore, a garbage bag, and a mesh laundry bag.
Problems:
Drained unevenly
Opening - needs to be large
Coiled wire tended to twist when compressed.

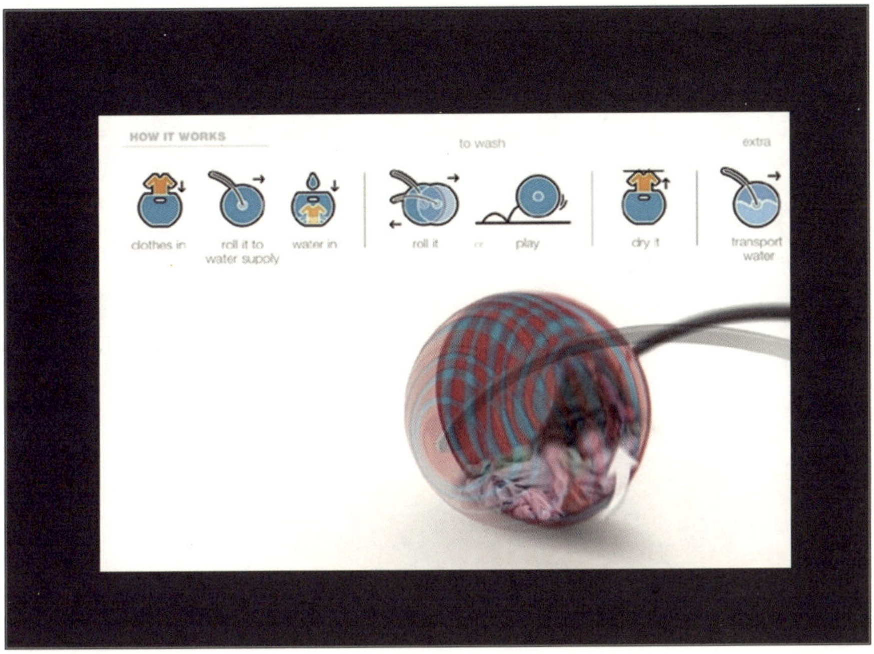
HOW IT WORKS
to wash
extra
clothes in
roll it to water supoly
water in
roll it
play
dry it
transport water

창의 디자인개발 사례 2

■과제명 : 디자인 설계

1) 과제명 : 제품 디자인
2) 디자인 설계과정
디자인 발의→디자인 확인→디자인 연구조사→디자인 분석→디자인 종합→디자인 평가→디자인 개발
3) 제품디자인 설계
   1) 기초설계안 검토
      - 진단 검토
      - 기본설계 방안
   2) 설계 구성
      - 기본설계 구성안
      - 기본설계 수정보완
   3) 디자인 설계 방안
      - 디자인 설계
      - 디자인 색상
      - 도어 제품설계
   4) 신개념 제품설계

4) 디자인 결과

06. 렌더링

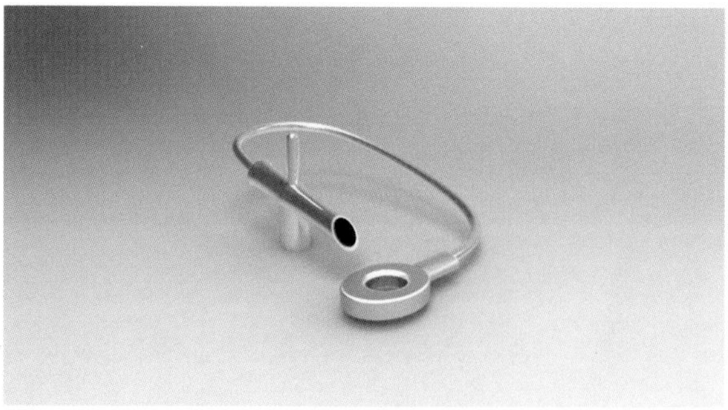

행거 샤워기

01. 선정이유

샤워기를 사용하다보면 교체기간이 다 되어서 헤드를 교체해주는 것보다
떨어트려서 망가져 교체하는 경우가 더 많다.
악력이 약한 사람들을 위한 유니버설 샤워기 디자인을 선정하였다.

1/14

02. 자료조사

2/14

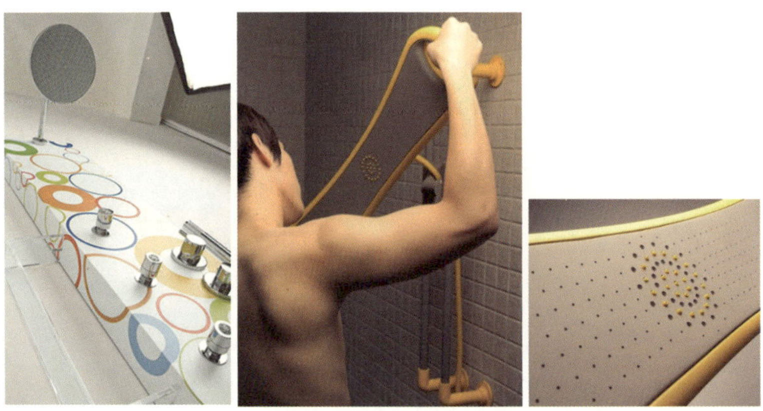

3/14

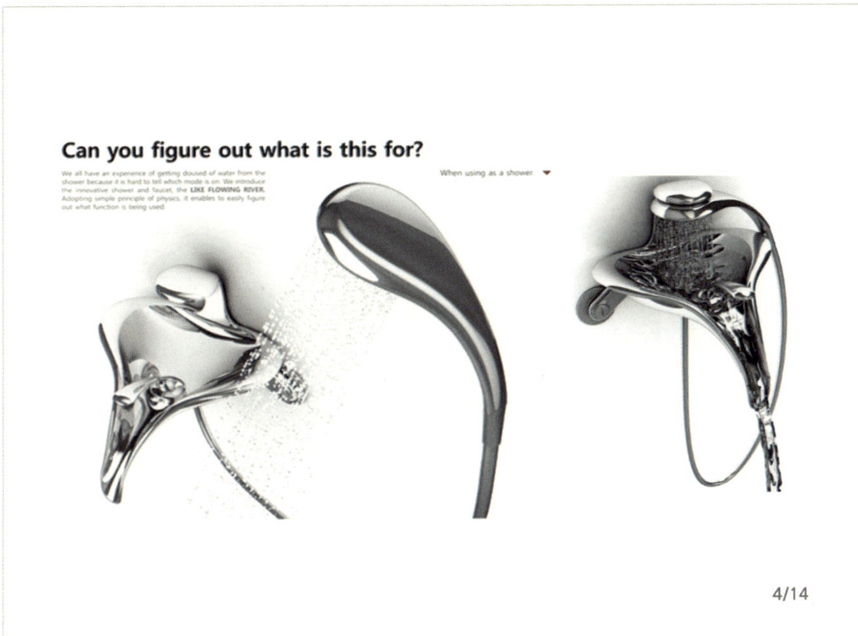
Can you figure out what is this for?
We all have an experience of getting doused of water from the shower because it is hard to tell which mode is on. We introduce the innovative shower and faucet, the LIKE FLOWING RIVER. Adopting simple principle of physics, it enables to easily figure out what function is being used.
When using as a shower.
4/14

portable shower
5/14

01. 제품 문제점

•떨어트림으로 샤워기 헤드 부분의 잦은 고장

•샤워기의 온도조절 스위치가 수도꼭지 본체에 있음

•물의 온도를 시각적으로 확인하기 어려움.

6/14

02. 문제 해결방법

손잡이가 미끄러움

온도조절의 번거로움

물 온도를 시각적으로 확인불가

샤워기 사용시에 번거로움을 줄이기 위해 헤드부분을 행거식으로 디자인 하며 물의 온도를 LED 조명으로 표현하여 시각적으로 알기 쉽게 디자인 한다. 또한 온도조절도 헤드부분에서 조절할 수 있게 하여함.

7/14

03. 아이디어스케치

04. 아이디어스케치

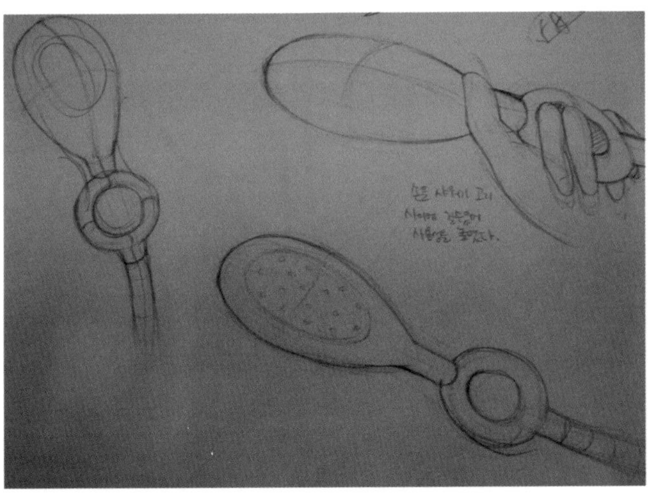

05. 아이디어스케치

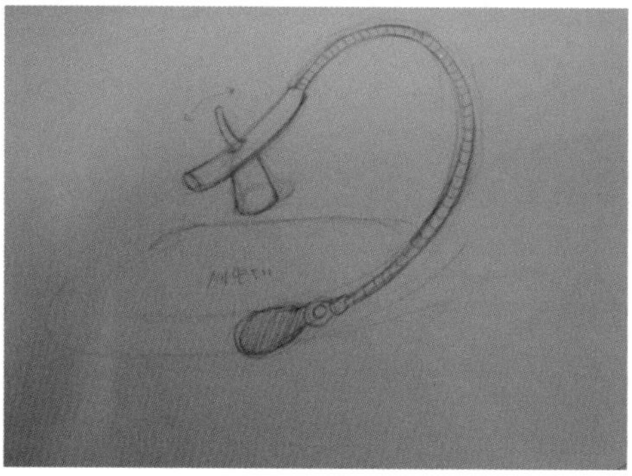

06. 렌더링

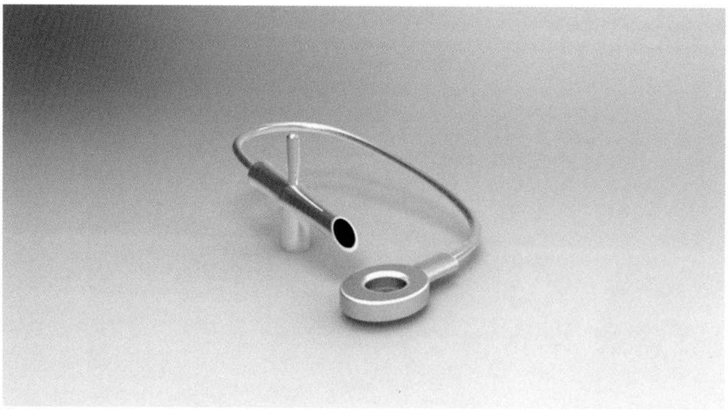

창의 디자인개발 사례 3

■과제명 : 디자인 설계

1) 과제명 : 제품 디자인

2) 디자인 설계과정

디자인 발의→디자인 확인→디자인 연구조사→디자인 분석→디자인 종합→디자인 평가→디자인 개발

3) 제품디자인 설계

  1) 기초설계안 검토
    - 진단 검토
    - 기본설계 방안
  2) 설계 구성
    - 기본설계 구성안
    - 기본설계 수정보완
  3) 디자인 설계 방안
    - 디자인 설계
    - 디자인 색상
    - 도어 제품설계
  4) 신개념 제품설계

4) 디자인 결과

보관이 편리한 USB

선정 이유

현대사회에 꼭 필요한 제품이면서
어디에서나 다른 사람들과
정보를 주고 받기에 편리하다.

U S B 문 제 점 :

다양한 형태로 디자인이 되어
있어 좋긴 하나, 작은 아이템이기
때문에 잃어버리기 쉬운 아이템이다.

해 결 방 안 : [CONCEPT]

심플한 디자인

잃어버리지 않는 디자인

기존 USB와 차별화 (패션아이템)

기존 USB 형태:

신사의 품격_옷핀 브로치

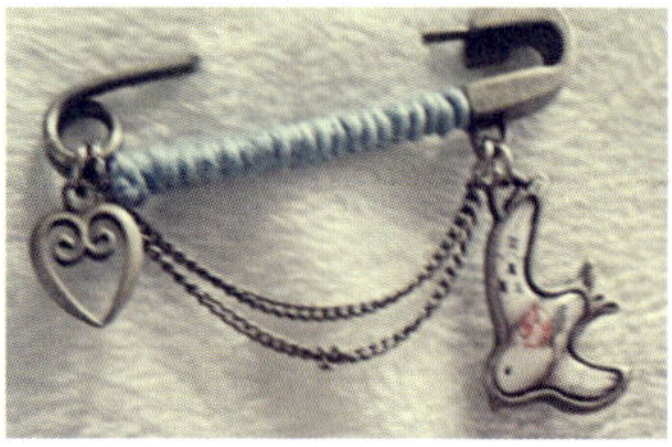

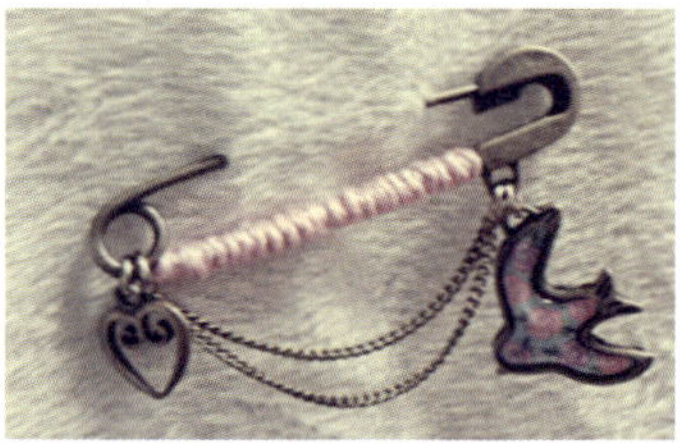

[CONCEPT]

옷핀 형태의 USB

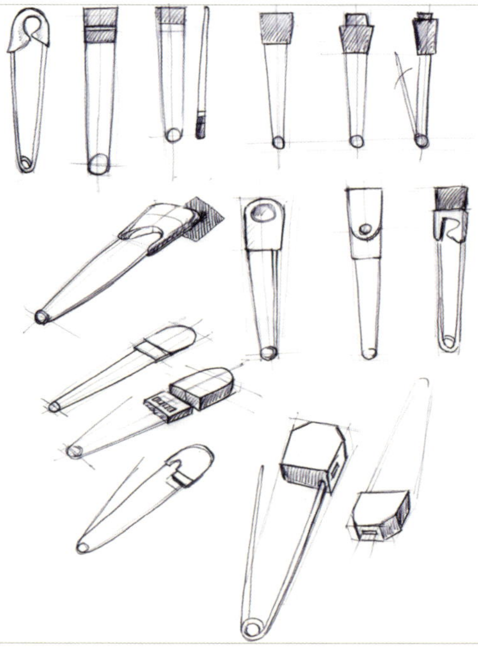

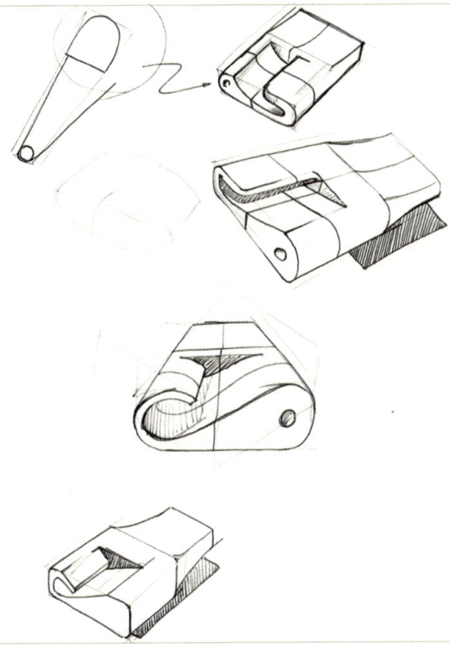

[CONCEPT]

팔찌 형태의 USB

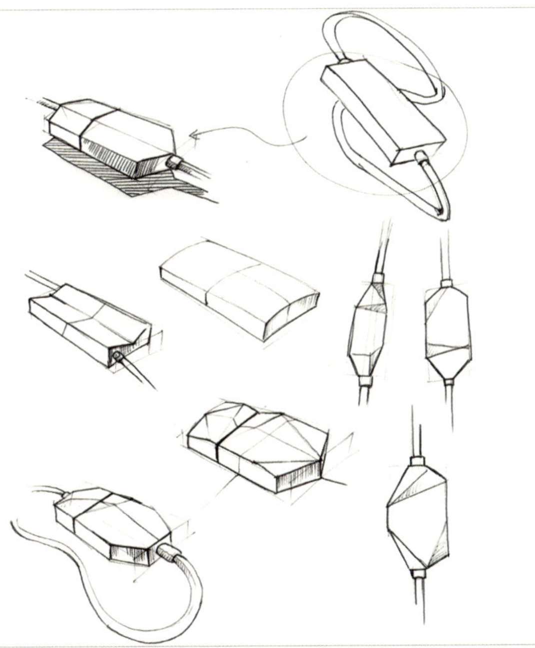

옷핀 형태의 USB

팔찌 형태의 USB

신상품 디자인제품개발 사례 1

■과제명 : 도어 디자인 설계

1) 과제명 : 신제품 도어 샘플디자인
2) 디자인 설계과정
디자인 발의→디자인 확인→디자인 연구조사→디자인 분석→디자인 종합→디자인 평가→디자인 개발
3) 제품디자인 설계
   1) 기초설계안 검토
      - 진단 검토
      - 기본설계 방안
   2) 설계 구성
      - 기본설계 구성안
      - 기본설계 수정보완
   3) 디자인 설계 방안
      - 디자인 설계
      - 디자인 색상
      - 도어 제품설계
   4) 신개념 제품설계

4) 도어 디자인 추진내용
: 도어 디자인 설계의 세부추진과 설계 기본방향은 3 가지 기본 방침인 기존도어와 차별화, 재료와 소재 결합, 칼라의 다양화에 부합 되도록 디자인 설계를 진행함.
[원목화살][그라데이션] [단 색] [합성채색] [투명 칼라] [대리석]
도어 디자인설계는 6가지로 분류하여 원목화살, 그라데이션, 단색, 합성채색, 투명칼라, 대리석 등 각 4개의 디자인을 설계하였고 각 채색은 외부전문가의 도움을 받아 다양한 제안

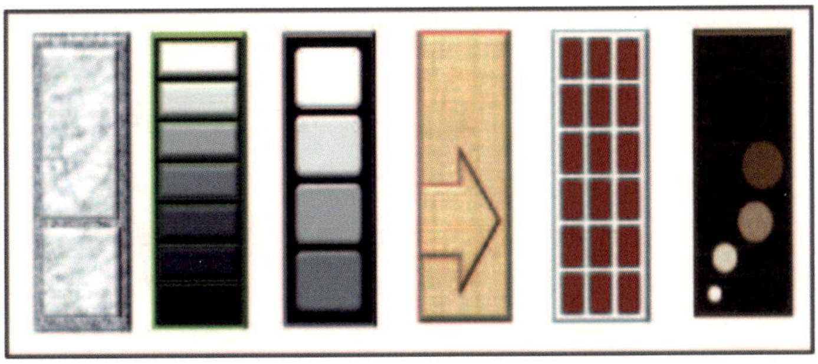

신상품 제품디자인 결과

제품설계도 3-D

화석Color 그라데이션

칼라 Gradation

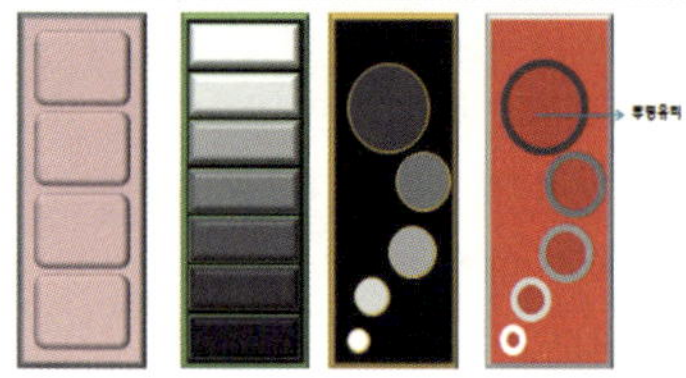

칼라화살

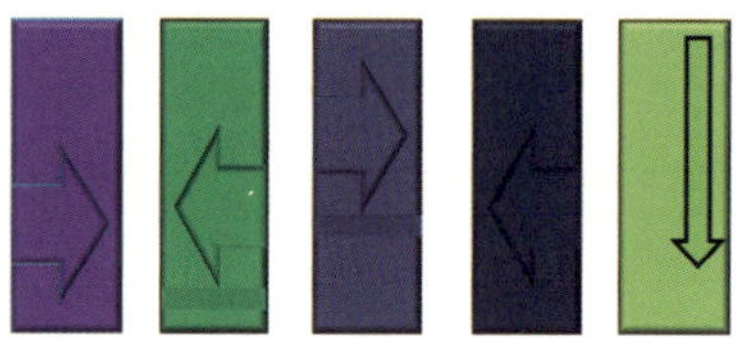

원목Color 그라데이션

색채

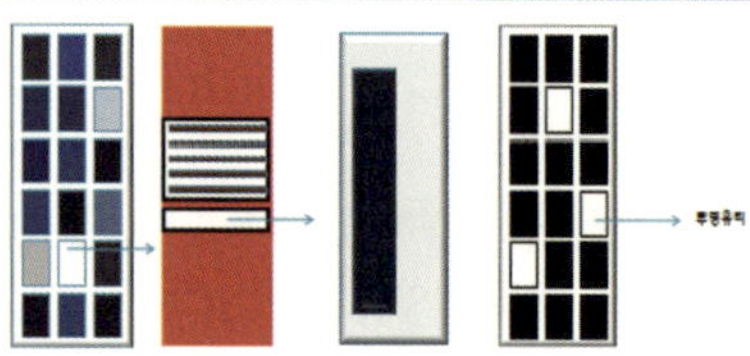

합성채색

종합 도면 작성

① solid works 2-D

② solid works 3-D

신상품 디자인제품개발 사례 2

1. 본 제빵 기구제품개발은 신제품설계로 작업성과 에너지 절감을 위한 설계기술을 체계적으로 추진한다.

2. 디자인 설계과정
  - 시스템 검색 ⇒ 개념설계 ⇒ 상세설계 ⇒ 종합설계 ⇒ 기술도면완성 (solid work)
  시스템 기술설계 부분은 기존 실링기를 개선한 방법으로 생산성 증가를 위한 시스템설계를 진행하여 2-D와 3-D로 설계를 추진하였다.

3. 디자인 설계안
  ① 연료 선정방안과 설계자료 분석
    - 전기사용 방안 자료
    - 가스사용 방안 자료
  ② 전원공급장치 설계의 우선선정 및 제어방식
    - 전기공급시 이동 배터리 사용
    - 고정 전원공급 전원 사용
    - 사용 전원 제어장치 방안
    - 에너지 절약 방안
  ③ 대안 설계 방식
    - 가스, 필렛 설계추진
  ④ 전기절연공급형 붕어빵틀설계 추진

4. 디자인 개발 도면
  ① solid works 2-dimession
  ② solid works 3-dimession

신상품 제품디자인 결과

종합 도면 작성

① solid works 2-dimession

② solid works 3-dimession

제품설계도 3-D

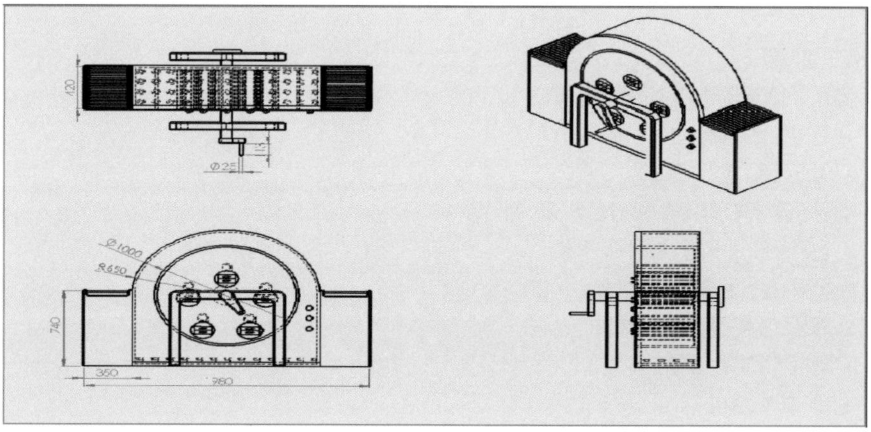

종합 도면 작성

① solid works 2-D

② solid works 3-D

제품설계도 3-D

신상품 디자인제품개발 사례 3

1. 개요

캡실링기 기구설계 제품개발은 제약용기 실링 기술로 기업의 제약용기 기존 실링기 투입량을 증가시키는 신제품설계이다. 기존 제약용기의 투입입량을 증가시키기 위한 설계기술을 체계적으로 추진한다.

2. 실링기 설계과정

- 시스템 검색 ⇒ 개념설계 ⇒ 상세설계 ⇒종합설계⇒ 기술도면완성(solid work)

시스템 기술설계 부분은 기존 실링기를 개선한 방법으로 생산성 증가를 위한 시스템설계를 진행하여 2-D와 3-D로 설계를 추진하였다.

3. 실링기 설계안

① 기초설계 방안구성
- 실링기 시스템 구성 검토
- 시스템 설계 방안 강구

② 실링기 공정시스템 기본설계 구성
- 공정시스템 구성
- 자동화 공정시스템 방안 강구
- 자동화 공정시스템 기본 설계

③ 기구설계(3D) 설계방안
- 브라켓 기구설계(3D)
- ass"y 기구설계(3D)

4.디자인 개발

① solid works 2-dimession
② solid works 3-dimession

신상품 제품디자인 결과

종합 도면 작성

① 어셈블리 solid works 3-dimession

제품설계도 3-D

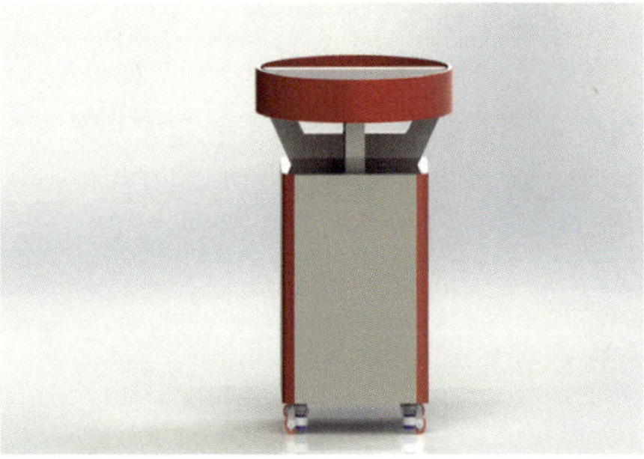

② 실링기 기구설계 및 디자인설계 solid works 3-D

제품설계도 3-D

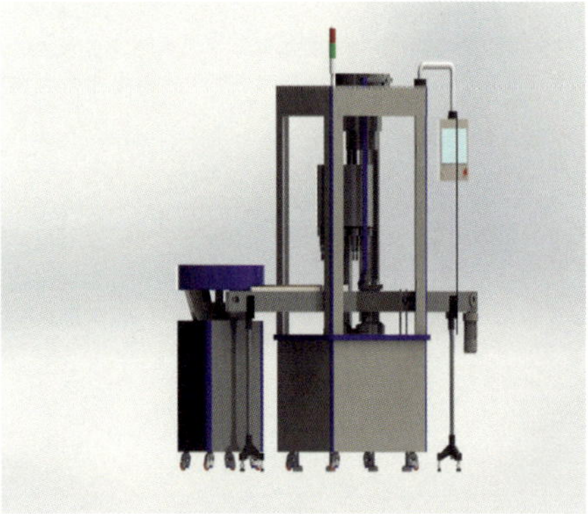

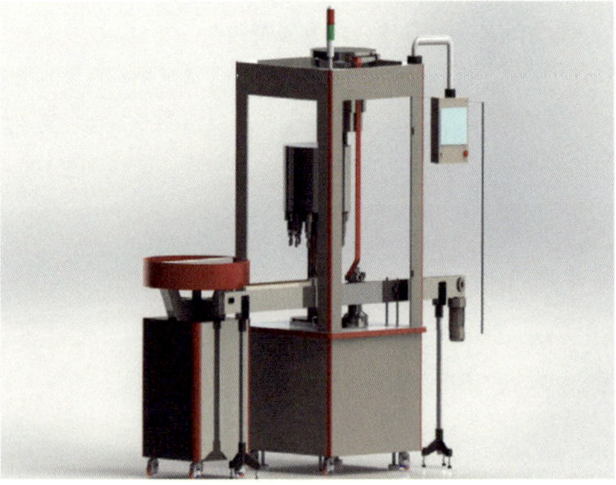

신상품 디자인제품개발 사례 4

1. 개요
자동화 기구설계 기술지원은 공정개선 신제품설계이다. 생산라인의 기존공정을 개선한 신기술을 체계적으로 추진 한다.

2. 자동화 설계과정
- 시스템 검색 ⇒ 개념설계 ⇒ 상세설계 ⇒종합설계⇒ 기술도면완성 (solid work)
시스템 기술설계 부분은 기존 생산공정 개선한 방법으로 생산성 증가를 위한 시스템설계를 진행하여 2-D와 3-D로 설계를 추진하였다.

3. 실링기 설계안

① 기초설계 방안구성
- 자동화 시스템 구성 검토
- 시스템 설계 방안 강구

② 자동화 공정시스템 기본설계 구성
- 공정시스템 구성
- 자동화 공정시스템 방안 강구
- 자동화 공정시스템 기본 설계

③ 기구설계(3D) 설계방안
- 브라켓 기구설계(3D)
- ass"y 기구설계(3D)

4.디자인 개발
① solid works 2-dimession
② solid works 3-dimession

신상품 제품디자인 결과

종합 도면 작성

① 어셈블리 solid works 3-dimession

제품설계도 3-D

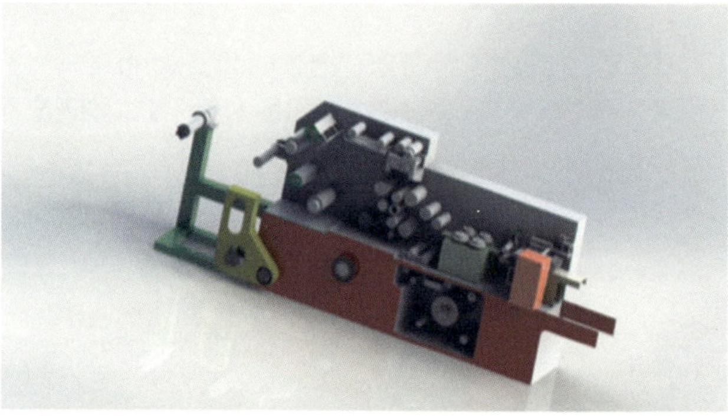

② 자동화 기구설계 및 디자인설계 solid works 3-D

제품설계도 3-D

신상품 디자인제품개발 사례 5

1. 개요
제품커팅 기구설계 신제품설계로 기존 커팅의 타입을 개선한 신기술을 체계적으로 추진 한다.

2. 시스템 커팅 설계과정
- 시스템 검색 ⇒ 개념설계 ⇒ 상세설계 ⇒종합설계⇒ 기술도면완성 (solid work)
시스템 기술설계 부분은 기존 제품커팅용 개선한 방법으로 생산성 증가를 위한 시스템설계를 진행하여 2-D와 3-D로 설계를 추진하였다.

3. 제품커팅 설계안
① 기초설계 방안구성
- 커팅 시스템 구성 검토
- 시스템 설계 방안 강구

② 커팅 공정시스템 기본설계 구성
- 공정시스템 구성
- 자동화 공정시스템 방안 강구
- 자동화 공정시스템 기본 설계

③ 기구설계(3D) 설계방안
- 브라켓 기구설계(3D)
- ass'y 기구설계(3D)

4. 디자인 개발
① solid works 2-dimession
② solid works 3-dimession

신상품 제품디자인 결과

종합 도면 작성

① 어셈블리 solid works 3-dimession

[제품설계도 2-D]

평면도

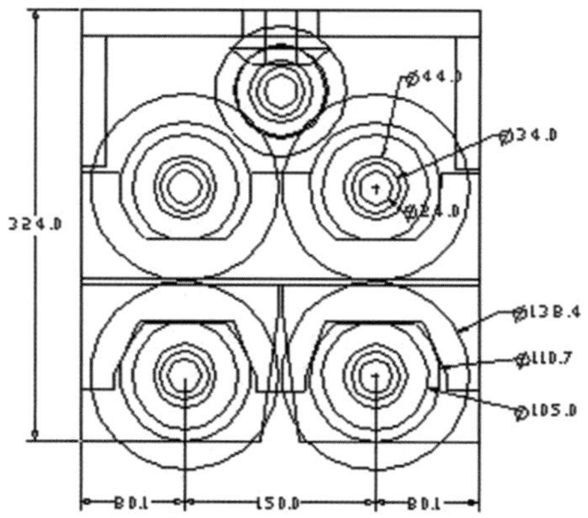

② 커팅 기구설계 및 디자인설계 solid works 3-D

[제품설계도 3-D]

신상품 디자인제품개발 사례 6

1. 개요
석영관 가열장치 설계 기술 신제품설계로 제품 디자인 설계를 체계적으로 추진 한다.

2. 접착 설계과정
- 시스템 검색 ⇒ 개념설계 ⇒ 상세설계 ⇒종합설계⇒ 기술도면완성 (solid work)
시스템 기술설계 부분은 신제품개발 방법으로 생산성 증가를 위한 시스템설계를 진행하여 2-D와 3-D로 설계를 추진하였다.

3. 성영관 가열시스템 설계안
① 기초설계 방안구성
- 석영관 시스템 구성 검토
- 시스템 설계 방안 강구

② 석영관 공정시스템 기본설계 구성
- 공정시스템 구성
- 자동화 공정시스템 방안 강구
- 자동화 공정시스템 기본 설계

③ 기구설계(3D) 설계방안
- 브라켓 기구설계(3D)
- ass"y 기구설계(3D)

4.디자인 개발
① solid works 2-dimession
② solid works 3-dimession

신상품 제품디자인 결과

종합 도면 작성
: 공정 설계 solid works 2, 3-dimession

1) 드럼형 융착기 측면도

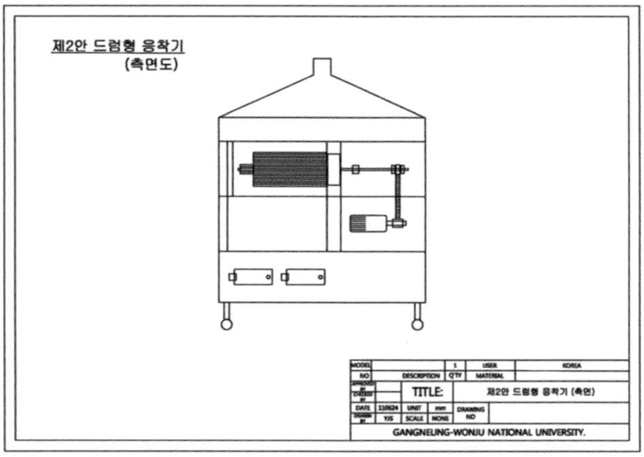

2) 증착기 석영회전체(고정부) 설계도

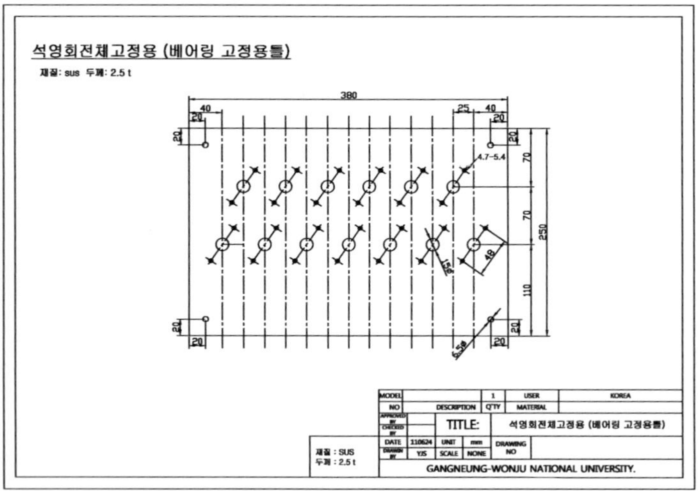

신상품 디자인제품개발 사례 7

1. 개요
전기히터 기구설계 기술지원은 난방기기 에너지 절약형 신제품설계이다. 기존 히터의 타입을 개선한 신기술을 체계적으로 추진 한다.

2. 전기히터 설계과정
- 시스템 검색 ⇒ 개념설계 ⇒ 상세설계 ⇒종합설계⇒ 기술도면완성 (solid work)
시스템 기술설계 부분은 기존 히터를 개선한 방법으로 생산성 증가를 위한 시스템설계를 진행하여 2-D와 3-D로 설계를 추진하였다.

3. 실링기 설계안
① 기초설계 방안구성
- 전기히터 시스템 구성 검토
- 시스템 설계 방안 강구

② 전기히터 공정시스템 기본설계 구성
- 공정시스템 구성
- 자동화 공정시스템 방안 강구
- 자동화 공정시스템 기본 설계

③ 기구설계(3D) 설계방안
- 브라켓 기구설계(3D)
- ass"y 기구설계(3D)

4. 디자인 개발
① solid works 2-dimession
② solid works 3-dimession

신상품 제품디자인 결과

종합 도면 작성

① 어셈블리 solid works 3-dimession

제품설계도 3-D

② 전기히터 기구설계 및 디자인설계 solid works 3-D

제품설계도 3-D

5장 공학설계

5.1 공학설계

공학설계 사례(1)

종합설계 설계과제 사례
과제 : 재료에 따른 강도 시험 종합설계설계과제 본 교과목의 목적은 수강 학생들에게 창의적인 사고와 공학적인 이론을 접목시키는 것이 목적이며 학생들이 직접 개념설계, 해석, 공학설계, 제작, 시험까지의 과정을 거치게 한다. 1)과제명 결정 2) 보고서 작성방법 제1장 일반현황 ① 개요 ② 기술의 필요성 ③ 국내외 기술현황 제2장 기술 개발 내용 ① 기술개발 목표 ② 세부개발내용 ③ 개발방법 및 실험방법 제3장 결과 ① 개발 결과 ② 실험결과물내용(도면 , 사진, 실험내용) 첨부 결과물

1. 서론: 기술개발개요

본 제품을 산업 현장이나 연구 개발 중인 제품을 파괴 강도 실험을 하여 나온 데이터를 통해서 보다 나은 제품을 개발하거나 제품의 문제점을 보다 쉽게 파악하기 위해 개발 하게 되었다. 기술 안전성과 풍부한 기능 및 다양한 외부 인터페이스 기능을 갖추어 여러 산업 현장의 필요한 요구에 잘 부합되게 설계되었으며, 외형적 디자인 또한 견고하고 미려하게 제작하였다. 또한 사용을 쉽게 하기 위하여 사용자 편의 위주로 프로그램 하였으며, 사용자의 이해를 돕기 위한 메시지 표시 기능이 내장되어 있다.

제품의 설계 목적은 재료에 따라 얼마만큼의 강도를 가지고 있는지를 알아보려고 제품의 안전성과 소비자가 사용할 수 있는지를 테스트 하려는 목적을 두고 있다.

2. 배경이론

(1) 개발의 필요성

재료에 힘이 가해졌을 경우에, 외력에 대응해서 나타나게 되는 그 고유의 역학적 성질을 기계적 성질이라 하며, 이것을 평가하는 방법은 기계적 시험법이라 한다. 금속과 그 합금은 수 천년에 걸쳐 사용되어 오고 있으며, 한 부품 또는 재질과 다른 것을 비교하고자 할 때에는 어떠한 형태이든 간에 이 기계적 시험을 피할 수 없다. 이 기계적 성질은 특히, 기본적으로 응력과 변형의 관계로 표시되며 탄성율이나 항복점, 내력, 인장강도, 압축강도, 연신율, 굽힘강도, 충격강도, 크립성, 피로한도, 경도 등은 모두 그러한 기계적 시험을 함으로써 평가할 수 있다.

하지만 여지까지 나온 강도 시험만을 위한 전용 기계가 특별히 없었다. 대부분은 다른 시험 (압축,굽힘)에 사용되는 만능 시험기 (Universal testing machine) 가 사용된다. 만능 시험기는 여러 가지 재료를 다양하게 시험할 수 있지만 가격이 비싼 편이다. 그래서 우리는 우리가 필요한 재료만을 시험할 수 있는 가격이 싼 전용기계를 제작하게 되었다.

(2) 경도시험

일반적인 경도에 대한 개념은 무르다, 딱딱하다라는 경험에 바탕을 둔 것으로서 가장 일반적인 정의는'압입에 대한 저항'으로 표현되나 정확한 것은 아니다 그 이유는 경도는 재료의 물리적 성질에 직접 연관이 되는 물리상수가 아니라 인위적으로 정한 공업상수이기 때문이다.

경도시험은 재료의 경도 값을 알고자 하거나 경도 값으로부터 강도를 추정하고 싶은 경우 또는 경도 값으로부터 시편의 가공 상태나 열처리상태를 비교하고 싶은 경우에 행하기도 한다.

단순하게 재료의 경도 값을 알고자 하는 경우에는 별 문제가 없으며 적절한 시험방법을 선택하면 된다.

그러나 경도 값으로부터 강도를 추정하는 경우에는 그 근본목적이 강도의 추정이 침탄처리 등의 표면 처리된 시편이나 가공경화가 많이 일어나는 재료에 있어서 가공에 의한 표면경화가 나타난 시편은 경도 값으로부터 강도를 추정할 수 없는 것이다.

경도 시험방법은 매우 다양하며 여기에서는 가장 많이 사용되고 있는 몇 가지 방법에 대해 특징만을 골라 간략하게 소개하고자 한다.

① 브리넬 경도 시험 방법

구형의 압입자를 일정한 하중으로 시편에 압입하므로써 경도 값을 측정하는 방법이다. 이 방법은 압입자의 크기뿐만 아니라 통상 시험 하중도 다른 경도 시험법에 비해 크기 때문에 얇은 부품, 특히 표면만의 경도를 알고자 하는 경우에는 적합지 않으며 주물제품 등 비교적 불균일하고 현상이 큰 재료의 경도 측정에 주로 사용되는 것이 브리넬경도 시험기이다.

이 시험법은 여타의 압입 경도시험과 마찬가지로 부하속도와 하중유지시간에 따라 경도 값이 달라지게 되므로 이를 고려해야 한다.

특히 하중 유지시간의 경우에는 그 변화에 따라 경도 값도 많이 달라지므로 대체로 10~15초를 그 표준조건으로 잡고 있다. 또한 시편 표면의 압입자국을 정확하게 측정하기 위해서는 경도시험의 전 과정으로서 반드시 마무리 작업을 거쳐야 한다.

브리넬 경도시험(BRNELL HARDNESS TESTER)은 지름이 D mm인 강구(鋼球) 압자를 재료에 일정한 시험하중으로 시편에 압연시켜 시험기로서 P kg으로 눌렀을 때 지름이D mm이고, 깊이가 h mm인 피트가 아주 작으므로 시험면의 경도분포를 구하거나 금속조직의 작은 부분의 굳기를 구할 때에도 사용된다.

이 경도 시험기는 브리넬경도 시험법으로는 측정 불가능한 초경합금과 같이 매우 단단한 재료의 정밀한 경도를 측정할 수 있으며 움푹 패인 곳이 항상 상사형이 되므로 재료가 균일하기만 하다면 시험하중에 관계없이 경도 측정치가 동일한 수치가 되는 상사의 법칙이 성립된다.

따라서 이 방법은 다른 하중을 사용하여 측정한 값을 서로 그대로 비교할 수 있다는 장점이 있다. 또한 작은 하중을 이용하여 작게 움푹 패인 곳을 만들어 경도를 측정하는 것이 가능하므로 미소(micro)경도시험기로서 사용 되고 있다.

미소경도시험기로 만든 움푹 패인 곳을 현미경으로 본 것이며, 시험하중은 대체로 25 g f ~ 1 ㎏ f 정도이다. 얇은 판, 얇은층, 가는 선, 보석, 금속조직 등의 측정에 편리하다.

하중의 크기를 아주 작게 하면 제품의 면에서 직접 굳기를 측정할 수가 있으며 하중 1 kg 이하에서 사용할 수 있는 시험기를 특히 미소경도시험기라고 한다. 수십 g 이하의 작은 하중(荷重)을 사용하는 경도시험기로서 경도는 하중을 바꾸면 다른 수치가 나오지만, 정사각뿔 모양의 다이아몬드 압자(壓子)를 갖춘 비커스 경도 시험기는 하중이 작든 크든 거의 같은 결과가 얻어지므로 많이 사용된다.

② 로크웰 경도 시험방법

경도측정에 널리 쓰이는 또 다른 방법은 로크웰 경도계를 이용하는 것이다. 이 방법은 브리넬 경도계와 몇 가지 다른 점이 있으며 주로 두 단계로 그 측정이 이루어진다. 첫 단계에서 압입자에 미리 10 kg의 초하중(primary load)을 걸어주어 시편에 접촉시켜 표면상에 존재할지도 모를 결함에 의한 영향을 없앤다.

두 번째 단계에서 압입자에 주 하중(major load)을 더 걸어주어 압입자국이 더 깊어지게 한다. 그 후 주 하중을 제거하고 초하중과 주 하중에 의한 압입자국 길이의 차이로써 경도를 평가한다.

압입 깊이의 차이가 자동적으로 다이알게이지에 나타나 금속의 경도를 표시한다. 로크웰 경도 측정에서 하중은 추에 의해서 부가되며 다이알게이지로부터 직접 경도 값을 읽을 수 있다.

여러 하중 조건에 따라 각기 다른 종류의 압입자가 사용되므로 넓은 범위의 경도 값이 정확하게 측정된다. 이 시험법은 브리넬 경도 시험법보다 압입자국을 적게 내며 따라서 더 얇은 시편을 측정할 수 있다.

③ 비커스 경도 시험 방법

비커스경도(Vickers hardness)는 대면각(對面角)이 136° 인 다이아몬드의 사각뿔을 눌러서 생긴 자국의 표면적으로 경도를 나타낸다.

쇼어경도(Shore hardness)는 선단에 다이아몬드를 끼운 추를 떨어뜨려 충돌해서 튀어 오른 높이로 굳기를 나타내는 방법인데, 취급이 비교적 간단하고 오목하게 팬 일이 거의 없는 특징이 있다.

피트가 아주 작으므로 시험면의 경도분포를 구하거나 금속조직의 작은 부분의 굳기를 구할 때에도 사용된다. 이 경도 시험기는 브리넬경도 시험법으로는 측정 불가능한 초경합금과 같이 매우 단단한 재료의 정밀한 경도를 측정할 수 있으며 움푹 패인 곳이 항상 상사형이 되므로 재료가 균일하기만 하다면 시험하중에 관계없이 경도 측정치가 동일한 수치가 되는 상사의 법칙이 성립된다.

3. 기술개발내용

(1) 설계방법

제품기획에서 설정된 사양을 기초로 목표로 하는 성능이나 기능을 구현화하여 제품을 설계한다. 제품 설계는 크게 나누면 ① 개념·구상설계 ② 기본설계(기능설계) ③ 상세설계 ④ 생산설계(양산설계) 단계의 4개 단계로 나누어서 제작한다. 제품설계란 위의 모든 단계를 가리키며, 기계의 구조, 기구, 형상을 구체적인 모습으로 마무리해 나가는 프로세스이다. 최근에는 각 단계에서의 부적격으로 인한 설계 수정 등을 줄이기 위하여 동시 병행 설계가 실시되어 효과를 보고 있기 때문에 동시 병행 설계위주로 설계한다.

(2) 설계개발내용

역설계는 기존에 있는 제품을 분해하여 도면을 그린 다음 다시 조립을 하는 방식을 말한다. 하지만 우리가 제품을 분해를 못하는 관계로 제품의 본체의 도면을 그리고 안쪽의 부품을 그리는 방식으로 설계를 하였다.

(3) 시작품 성능시험 및 방법

표 5-1

	내 용
1) PP 실험(연성)	길이 35cm, 외경 16mm, 22mm, 28mm인 PP를 3번 강도 실험
2) PB 실험(강성)	PP와 같은 방법으로 실험을 한다.
3) 석영관 실험	NO-1(외경: 15mm, 두께: 1.5mm), NO-2(외경: 20mm, 두께: 1.5mm), NO-3(외경: 25mm, 두께: 2mm), NO-4(외경: 33.5mm, 두께: 2.5mm)인 4가지재료를 3번 강도 실험을 한다.
4) 형광등 실험	소(외경: 0.4mm, 길이: 19cm), 중(외경: 0.6mm, 길이: 28cm), 대(외경: 0.6mm, 길이: 30cm)인 3가지 재료를 3번씩 실험을 한다. (표점거리: 10cm)

4. 결론 및 토의

(1) 결과물

1) 실험 사진 설명

그림 5-1 강도 시험 장치

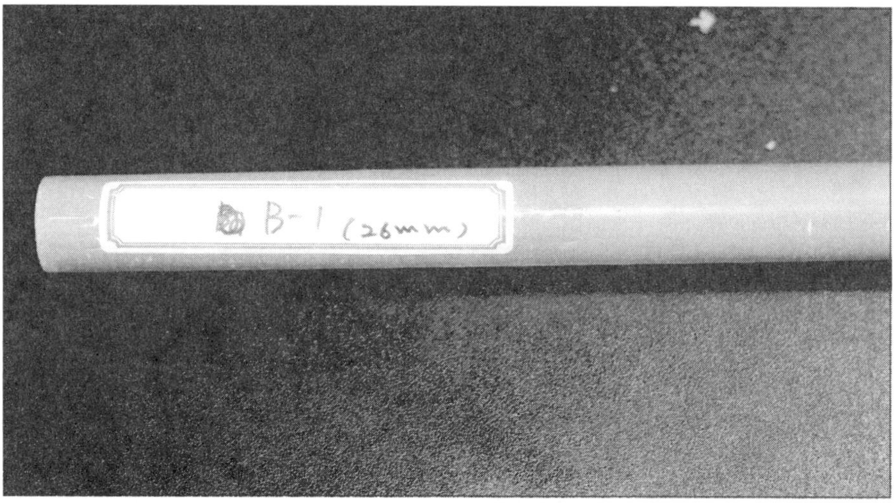

그림 5-2 시험편 26 mm

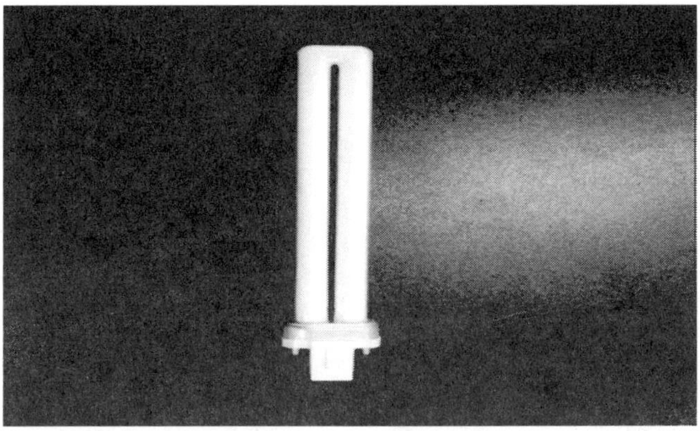

그림 5-3 형광등소재편

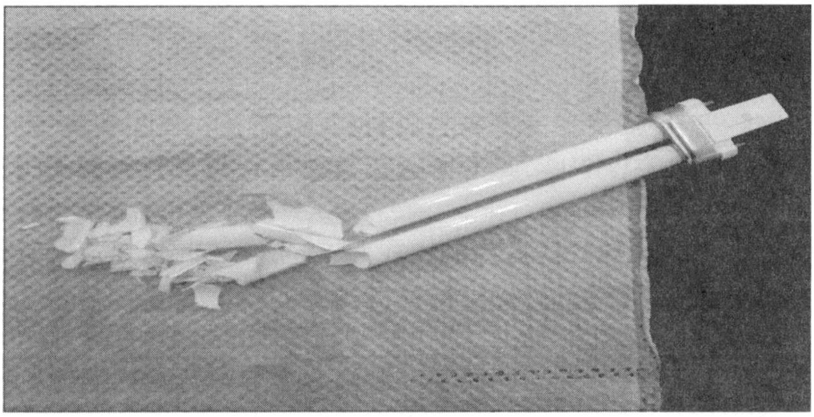

그림 5-4 형광등소재 시험

그림 5-5 석영관 소재편(NO 1)

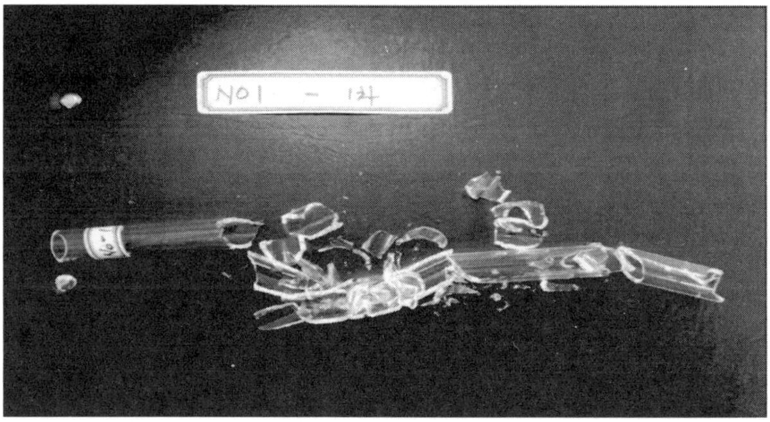

그림 5-6 석영관 소재 시험

그림 5-7 석영관 소재편(NO 2)

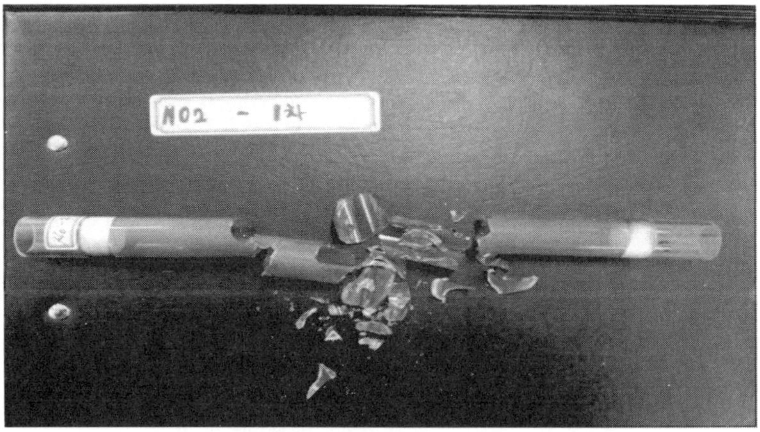

그림 5-8 석영관 소재편(NO 2)시험

2) 실험 결과

① PP 실험(연성) 결과

표 5-2

	1차	2차	3차
16mm	5.9kg	6.2kg	5.8kg
22mm	24.1kg	23.7kg	23.1kg
28mm	46.7kg	47.1kg	46.8kg

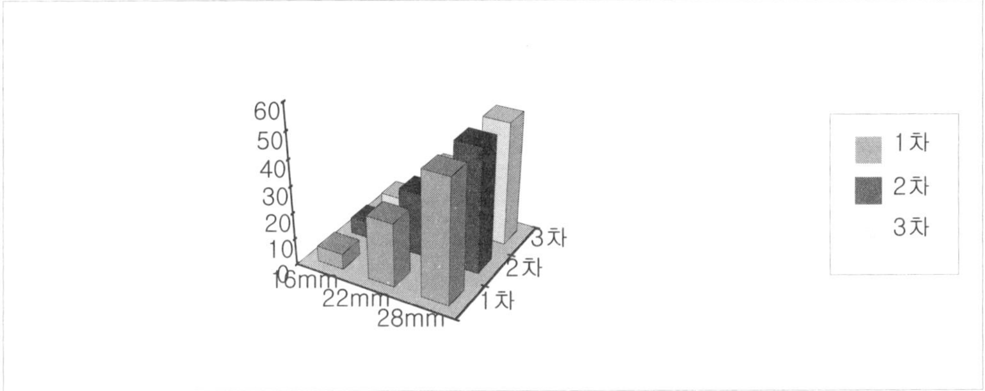

② PB 실험(강성) 결과

표 5-3

	1차	2차	3차
18mm	47kg	48.1kg	47kg
22mm	76.6kg	75kg	75.1kg
28mm	측정불가		

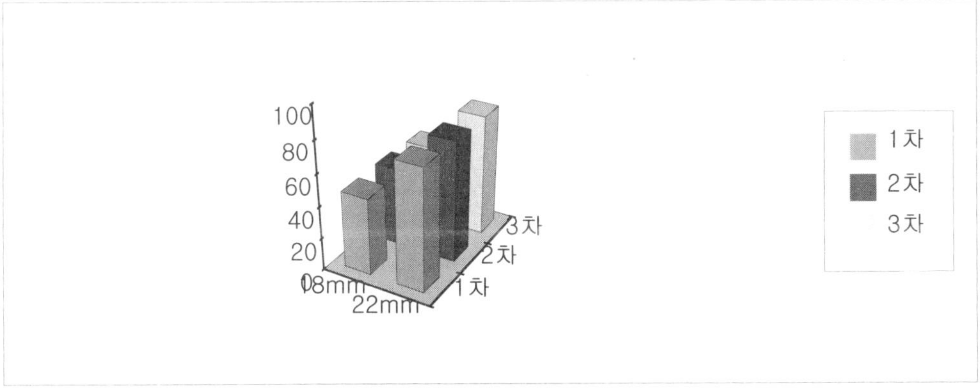

③ 석영관 실험 결과

표 5-4

	1차	2차	3차
NO 1	79kg	75kg	5.8kg
NO 2	70kg	96kg	23.1kg
NO 3			
NO 4			

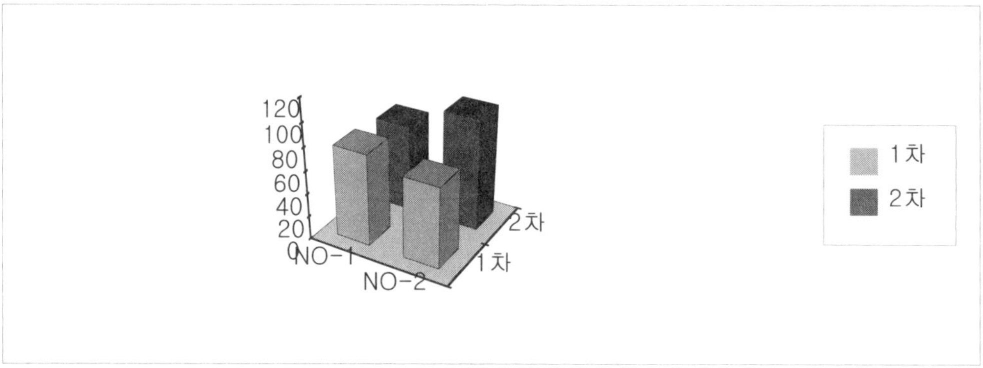

④ 형광등 실험 결과

표 5-5

	1차	2차	3차
소	38kg	23kg	18kg
중	32.1kg	31.7kg	22.1kg
대	44.7kg	54kg	

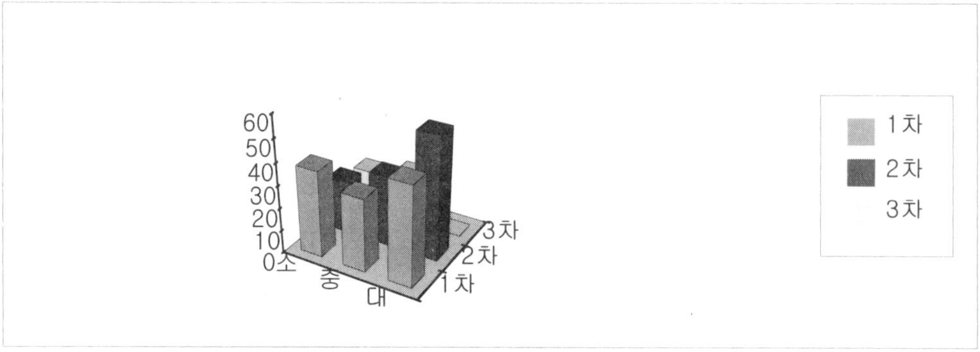

5. 전열기구 시험 및 평가

(1) 전열기구 강도시험 방안

: 시험방향은 아래와 같이 수행하기로 함.

1) 전열기구 자료 분석

2) 전열기구 시험 방안

- 전열기구 시험 방안 강구
- 시험 관련 기술 수집

3) 전열기구 시험 방향설정

생산되고 있는 전열기구 낙하시험 진단하고 결함 여부를 확인할 수 있는 시험기 방안 강구

- 전열기구 시험 방안 강구 협의
- 자료분석을 통한 개선설계 방안 정리
- 전열기구 낙하 시험

ㅇ 협의내용:

1) 설계방향에 따른 세부관련 설계협의

2) 전열기구 시험 관련 기술자료 분석 후 최종방안을 결정함.

(2) 전열기 낙하시험

1) 전열기 낙하시험 준비

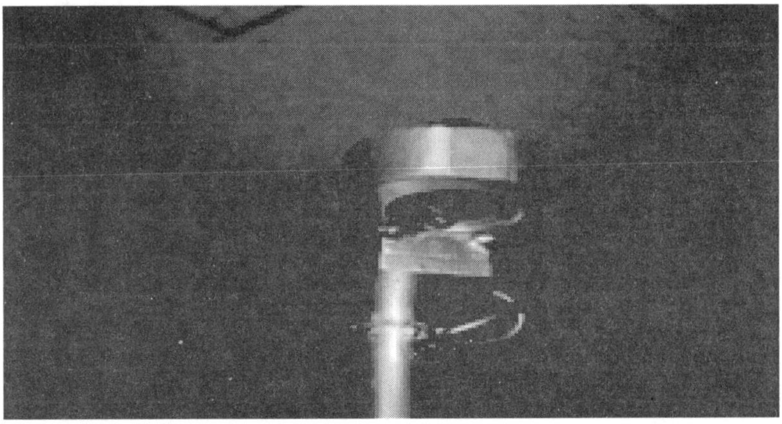

그림 5-9 낙하시험장치 시험체 결부

그림 5-10 낙하시험장치 준비

그림 5-11 볼 낙하상태

2) 전열기 낙하시험

그림 5-12 장시작품A형 낙하시험

그림 5-13 장시작품B형 낙하시험

그림 5-14 장시작품C형 낙하시험

(3) 전열기구 시험

1) 시작품 낙하시험

① 성능평가 방법: 전열기구 3가지 시작품을 하단에 세팅시키고 3M 높이에서 볼 낙하하는 시험을 각 10회 시킨 후 외관 상태를 검사한다.

② 측정결과

표 5-6

	시험 횟수			평균(약)
	1회	2회	4-10회	
흠집상태	정상	정상	정상	합격

2) 전압변동시험

① 정격전압의 ±10%를 변경하였을 때 전열기구가 정상적으로 작동하여야 한다.

② 성능평가 방법: 정격전압의 ±10% 변화 시켜 정상적으로 작동하는지 육안으로 점검한다. 다음은 전압변동 평가 시험 결과이다.

표 5-7

	시험 횟수			평균(약)
	1회	2회	3회	
작동상태	정상	정상	정상	정상

3) 소음상태 시험

① 통상적인 사용 상태에서 소음은 5 dB(A) 이하 이어야 한다. 또한 정격전압의 ±10%를 변경 하였을 때 자동성형기가 정상적으로 작동하여야 한다.

② 성능평가 방법: 소음은 소음계로부터 1 m 떨어진 위치에서 측정한다. 다음은 소음 측정 평가 시험 결과이다.

표 5-8

	시험 횟수			평균(약)
	1회	2회	3회	
작동상태	정상	정상	정상	정상

4) 과부하 감지장치

① 과부하 감지장치의 동작 상태는 설정 값 이상에서 전동기가 정지해야 하며 재설정시 정상기능이 회복해야 한다.

② 성능평가 방법: 설정된 부하 이상으로 전원 작동시켰을 때 30분후 교반혼합 상태를 육안으로 확인 한다. 다음은 과부하 상태 측정 평가 시험 결과이다.

표 5-9

	시험 횟수			평균(약)
	1회	2회	3회	
작동상태	정상	정상	정상	정상

(4) 전열기구 성능 평가

다음에 제시된 표는 본 사업의 개발 목표 대비 성능 평가를 나타낸 것이다. 성능평가는 앞서의 절에서 수행한 유무에 대한 평가가 포함된다.

이상에서 알 수 있듯이 개발된 전열기구장치의 성능이 개발 목표치에 부합함을 알 수 있다.

표 5-10

평가항목	단위	개발목표치	시험 결과	판정
1. 낙하시험	-	유	달성	합격
2. 전압변동시험	-	유	정상	합격
3. 소음상태 시험	-	유	유	합격
4. 과부하 시험	-	유	정상	합격
5. 내구성 시험	%	유	정상	합격
결 과				합격

6. 종합결론

제품의 설계 목적은 재료에 따라 얼마만큼의 강도를 가지고 있는지를 알아보려고 제품의 안전성과 소비자가 사용할 수 있는지를 테스트 하려는데 목적이 있다.

1) 석영관 강도를 측정함으로서 제품에 따른 적합한 강도 선정에 유리하다.
2) 실험결과는 시중에 보고되는 실제의 이론값과 실험 측정값과 오차가 존재 한다
3) 물체의 오차가 생기는 원인을 알고 측정값의 평균을 이용한다면 시중에서 알려지고 있는 이론값 보다는 올바른 재료선택을 할 수 것이다.

공학설계 사례(2)

설계사례: 헬리컬 기어 감속기 설계

< 설계과제 >

동력	2.2kW(3PS)
입력축 회전속도	입력축 회전속도
감속비	1/15

(1) 설계의 방침 및 순서

① 고속의 기어 감속기에서 널리 쓰이고 있지만, 축방향 추력(thrust)이 생기는 결점

② 결점을 제거한 것이 더블 헬리칼 기어이나 고가이기 때문에 헬리컬 기어가 많이 사용

(2) 설계의 방침

① 효율을 좋게

② 케이싱은 주조와 기계가공을 생각하여 되도록 단순하게

③ 부품은 되도록 KS 규격에 있는 것을 사용

④ 안전율의 결정은 합리적인 값

⑤ 고급재료를 피하고 보통 쓰이는 재료

⑥ 이 밖에 기능, 안전성, 수명, 중량, 등의 조건을 만족

⑦ 헬리컬 기어로 2단 감속이므로 중간축을 사용

(3) 설계의 순서

① 기어 : 잇수비, 기어의 치수

② 축 : 입력축, 중간축, 출력축

③ 베어링 : 수명, 정격하중

5.2 헤리컬기어 감속기 축설계

1. 축의 설계

2단 이상의 감속기에서는 입력축이 가늘기 때문에 굽고 비틀리어 이의 물림이 나빠지기도 한다. 그러므로 강성이 충분하도록 축의 지름을 정해야 한다.

(1) 입력 축 I

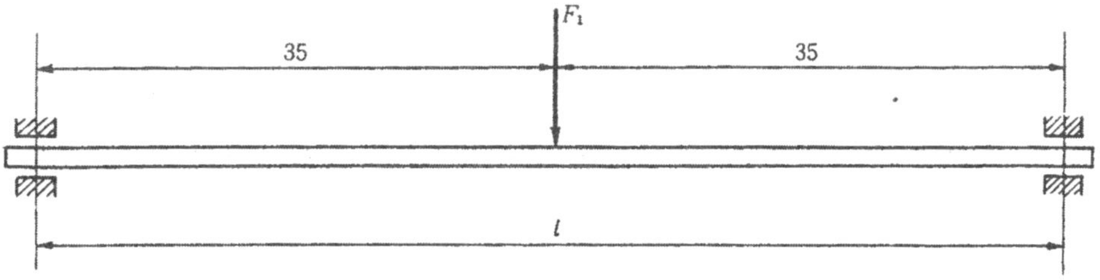

그림 5-15 입력 축에 걸리는 힘

전동기와의 축이음이 완전하여 추력(thrust)이 작용하지 않는다고 생각하면, 입력축에 작용하는 힘은 피니언 z_1에 의한 레이디얼 하중이 그림 5-15와 같이 작용한다.

여기서 F_1은 z_1의 접선하중 $P_1 = 40.4\ kg$ 이고, 이의 압력각 $\alpha = 20°$이므로

$$F_1 = \frac{P_1}{\cos\alpha} = \frac{40.4}{\cos 20°} = 43\ kg$$

이다. 따라서 최대 굽힘모멘트는

$$M_{\max} = \frac{F_1 l}{4} = \frac{43.0 \times 70}{4} = 753\ kg \cdot mm$$

이고, 비틀림모멘트는

$$T_I = 1225\ kg \cdot mm$$

이다. 축의 항복강도$\sigma_y = 46\ kg/mm^2$, 내구한도$\sigma_e = 13.8\ kg/mm^2$, 안전율 $S_f = 2.5$라면, 축지름 d_I은

$$d_I = \sqrt[3]{\frac{32S_f}{\pi}\sqrt{(\frac{M}{\sigma_e})^2+(\frac{T_I}{\sigma_y})^2}}$$

$$= \sqrt[3]{\frac{32\times2.5}{\pi}\sqrt{(\frac{753}{13.8})^2+(\frac{1225}{46})^2}}$$

$$= \sqrt[3]{\frac{32\times2.5\times60.7}{\pi}} = 12\ mm$$

를 얻는다. 이것으로부터 $d_I = 15\ mm$로 한다.

(2) 중간축 Ⅱ

중간축에는 그림 5-16에서 보는 것과 같이 기어 z_2와 z_3에 의한 하중이 걸린다. 축의 길이는 입력측 피니언 z_1, 베어링들과 출력측 기어 z_4의 이폭 등을 고려하여 $l_1 = l_3 = 35\ mm$, $l_2 = 100\ mm$로 한다. 레이디얼 하중 $F_2 = F_1 = 43\ kg$이고, F_3는

$$F_3 = \frac{P_3}{\cos\alpha} = \frac{2T_{II}}{d_3\cos20°} = \frac{9550}{60.6\times0.94} = 167\ kg$$

이다. 그런데 이 두 힘은 그림 4.4에서 보는 것과 같이 작용하게 되므로 반력은 지점 A에서

$$R_{A2} = \frac{F_2(l_2+l_3)}{l}$$

$$R_{A3} = \frac{F_3 l_3}{l}$$

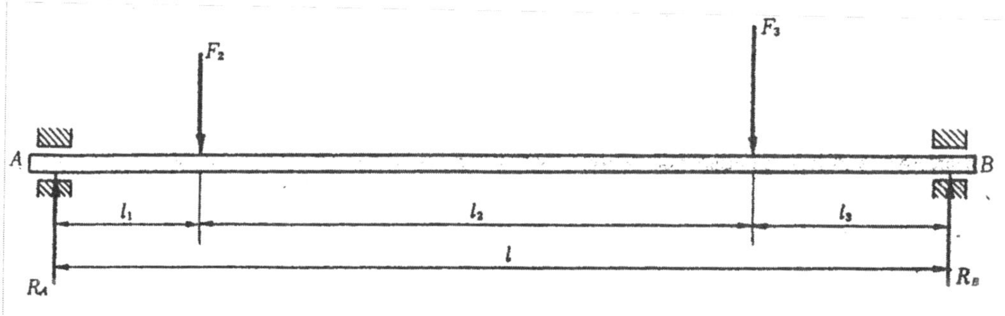

그림 5-16 중간축에 걸리는 힘

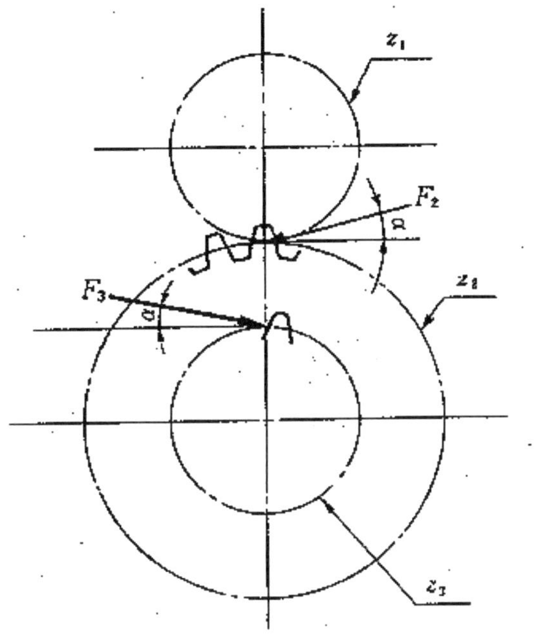

그림 5-17

그리고 지점 B에서

$$R_{B2} = F_2 - R_{A2}$$
$$R_{B3} = F_3 - R_{A3}$$

그림 ?-?의 표면에 걸리는 힘이므로

$$R_{A2} = \frac{43 \times 135}{170} = 34.1 \ \ kg$$

$$R_{A3} = \frac{167 \times 35}{170} = 34.4 \ \ kg$$

$$R_{B2} = 43 - 34.1 = 8.9 \ \ kg$$

$$R_{B3} = 167 - 34.4 = 132.6 \ \ kg$$

을 얻는다.

중간축에 걸리는 굽힘모멘트는 기어 z_2가 부착되는 위치에서 F_2 및 F_3에 의하여 $M_2 = R_{A2}l_1$, $M_3 = R_{A3}l_1$인데 이들의 벡터가 2α만큼 벌어져서 반대방향으로 작용하므로 합성모멘트는

$$M = \sqrt{M_2^2 + M_3^2 - 2M_2M_3\cos 2\alpha}$$

로 된다. 마찬가지로 기어 z_3가 부착되는 위치에서의 굽힘모멘트는 $M_2' = R_{B2}l_3$, $M_3' = R_{B3}l_3$ 이므로

$$M' = \sqrt{(M_2')^2 + (M_3')^2 - 2M_2'M_3'\cos 2\alpha}$$

이다.

그런데 $F_3 > F_2$이므로 최대 굽힘모멘트는 기어 z_3가 부착되는 곳에 걸리며 $M_{max} = M'$ 로 된다.

지금

$$M_2' = R_{B2}l_3 = 8.9 \times 35 = 312 \ kg \cdot mm$$

$$M_3' = R_{B3}l_3 = 132.6 \times 35 = 4641 \ kg \cdot mm$$

$$M' = \sqrt{(312)^2 + (4641)^2 - 2 \times 312 \times 4641 \times \cos 40°}$$

$$= 4411 \ kg \cdot mm$$

이고, 비틀림 모멘트 $T_{\mathrm{II}} = 4775 \ kg \cdot mm$ 이다. 중간축의 재질과 안전율이 입력축과 같다면, 축 지름 d_{II} 는

$$d_{II} = \sqrt[3]{\frac{32S_f}{\pi}\sqrt{(\frac{M'}{\sigma_e})^2 + (\frac{T_{II}}{\sigma_y})^2}}$$

$$= \sqrt[3]{\frac{32 \times 2.5}{\pi}\sqrt{(\frac{4411}{13.8})^2 + (\frac{4775}{46})^2}}$$

$$= \sqrt[3]{\frac{32 \times 2.5 \times 336}{\pi}} = 21 \ mm$$

따라서 $d_{\mathrm{II}} = 25 \ mm$로 한다.

(3) 출력축 Ⅲ

출력 측 기어 z_4는 z_1의 경우와 같이 축의 중앙에 레이디얼 하중 F_4가 작용하므로

$$M_{max} = \frac{F_4 l}{4}$$

이고, 전달 토크는

$$T_{\mathrm{III}} = T_I \left(\frac{z_2}{z_1} \times \frac{z_4}{z_3}\right)$$

로 된다.

$F_4 = F_3 = 167kg$이고 $l = 80 \ mm$로 하면

$$M_{\max} = \frac{167 \times 80}{4} = 3340 \ kg \cdot mm$$

$$T_{\mathrm{III}} = 1225 \times \frac{74}{19} \times \frac{74}{19} = 18600 \ kg \cdot mm$$

이다. 출력축의 재질과 안전율도 입력 축과 같다면, 축 지름 d_{III}는

$$d_{III} = \sqrt[3]{\frac{32 \times 2.5}{\pi} \sqrt{(\frac{3340}{13.8})^2 + (\frac{18600}{46})^2}}$$

$$= \sqrt[3]{\frac{32 \times 2.5 \times 471}{\pi}} = 23 \ mm$$

이므로 $d_{\mathrm{III}} = 25 \ mm$로 한다.

이상의 축의 계산 결과를 정리하면 [표]와 같다.

표 5-11 축의 계산결과

축	축지름 (mm)	회전속도 (rpm)	베어링 레이디얼 하중(kg)	
			R_1(左)	R_2(右)
입력축	15	1750	21.5	21.5
중간축	25	449.2	23.4	125.9
출력축	25	115.3	83.5	83.5

2. 베어링의 설계

헬리컬 기어에는 드러스트가 작용하기 때문에 레이디얼 하중뿐 아니라 드러스트도 받을 수 있는 단열 앵귤러 볼 베어링을 사용하도록 한다.

(1) 입력축의 베어링

입력축에 작용하는 레이디얼 하중은 $F_1 = 43 \ kg$이므로 드러스트는

$$F_a = F_1 \tan\beta = 43 \times \tan 20° = 15.7 \ kg$$

이다. 앵귤러 볼 베어링은 한 방향의 드러스트 밖에는 받을 수 없으므로 한 개의 베어링이 드러스트 하중과 레이디얼 하중 21.5 kg을 받게 된다.

$$\frac{F_a}{F_r} = \frac{15.7}{21.5} = 0.73 \ < \ 0.96 = e$$

이므로 $\theta = 30°$의 앵귤러 볼 베어링(7200A 계열)을 사용할 경우, $x = 1$, $y = 0$이다.

따라서 등가 레이디얼 하중

$$P_e = xF_r + yF_a = 1 \times 21.5 = 21.5\ kg = P$$

이다. 안지름 15 mm인 앵귤러 볼 베어링(#7202A)의 기본부하용량은 표로부터 $C = 816\ kg$이다.

지금 수명시간을 25000시간(1일에 8시간 운전하여 약 8년간 사용)으로 하면,

$$f_n = \sqrt[3]{\frac{33.3}{n}} = \sqrt[3]{\frac{33.3}{1750}} = 0.267$$

$$f_h = (\frac{C}{P})f_n = (\frac{816}{21.5}) \times 0.267 = 10.1$$

$$\therefore\ L_h = 500\, f_h^3 = 500 \times 10.1^3 = 520306\ hr\ >\ 25000\ hr$$

이므로 충분하다.

(2) 중간축의 베어링

중간축에는 2개의 헬리컬 기어가 있으므로 나선각의 방향을 반대로 하면, 드러스트를 경감시킬 수 있다. 이와 같이 할 때, $F_3 > F_2$ 이므로 오른 쪽 베어링에만 드러스트가 작용한다. 그 드러스트는

$$\begin{aligned} F_a &= F_3 \tan\beta - F_2 \tan\beta \\ &= (167 - 43)\tan 20° = 45.1\ kg \end{aligned}$$

이고, 레이디얼 하중은

$$\begin{aligned} F_r &= \sqrt{((R_{B3} + R_{B2})\sin\alpha)^2 + ((R_{B3} - R_{B2})\cos\alpha)^2} \\ &= \sqrt{((132.6 + 8.9)\sin 20^{\circ})^2 + ((132.6 - 8.9)\cos 20^{\circ})^2} \\ &= 125.9\ kg \end{aligned}$$

이다. 그러므로

$$\frac{F_a}{F_r} = \frac{45.1}{125.9} = 0.358\ <\ 0.96 = e$$

이다. 따라서 $x = 1,\ y = 0$이고, 등가 레이디얼 하중은

$$P_e = F_r = 125.9\ kg = P$$

으로 된다.

$$f_n = \sqrt[3]{\frac{33.3}{n}} = \sqrt[3]{\frac{33.3}{449.2}} = 0.42$$

$$f_h = \sqrt[3]{\frac{25000}{500}} = 3.68$$

이므로 기본부하용량 C는

$$C = P\left(\frac{f_h}{f_n}\right) \equiv 125.9 \times \left(\frac{3.68}{0.42}\right) = 1103 \ kg$$

이상이어야 한다. 축 지름 $d_{\mathrm{II}} = 25 \ mm$이므로 30° 앵귤러 볼 베어링 #7205A를 선택하면, $C = 1489 \ kg$이어서 용량이 충분하다.

(3) 출력축의 베어링

출력축의 드러스트 F_a는

$$F_a = F_4 \tan\beta = 167 \times \tan 20° = 60.8 \ kg$$

이고, 레이디얼 하중 $F_r = 83.5 \ kg$ 이다.

그러므로

$$\frac{F_a}{F_r} = \frac{60.8}{83.5} = 0.728 \ < \ 0.96 = e$$

이다. 따라서 $x = 1$, $y = 0$이고, 등가 레이디얼 하중은

$$P_e = F_r = 83.5kg = P$$

이다.

요구되는 기본부하용량은

$$f_n = \sqrt[3]{\frac{33.3}{115.3}} = 0.66$$

$$f_h = 3.68$$

이므로

$$C = 83.5 \times \left(\frac{3.68}{0.66}\right) = 466 \ kg$$

축 지름 $d_{\mathrm{III}} = 25 \ mm$이므로 #7205A를 사용하면 부하용량이 충분하다. 이상의 계산결과를 정리하면 다음 표 5-12와 같다.

표 5-12 헬리컬 기어 감속기의 베어링

축	베어링번호	안지름(mm)	바깥지름(mm)	폭(mm)	정격수명(hr)
입력축	#7202A	15	35	11	25,000이상
중간축	#7205A	25	52	15	25,000이상
출력축	#7205A	25	52	15	25,000이상

5.3 창의 설계 실습

1. 창의 설계

(1) 개요

물체의 모양, 크기, 다듬질 정도, 구조 및 형상을 선과 문자 그리고 기호로 정확, 명확, 간결하게 표현하고, 언제 어디서 누구에게나 같은 지식을 정확하게 전달할 수 있는 세계 공통어이다.

(2) 제도의 역사

표 5-13

	내 용
B.C. 1000년경	솔로몬의 석조 신전과 고대 그리스건물의 건축에 최초로 도면사용
15세기 초	이탈리아의 건축가들에 의한 투상의 원리
레오나르도 다 빈치	종래 사용하던 투시도보다 훨씬 떨어져 있는 화법으로 표현.
18세기 말	도법 기하학의 원로, 제 1각법 사용, 제도 원리의 근원.
19세기 말	제 3각법을 국가 규격으로 채용

(3) 도면의 종류

도면은 용도와 내용에 따라 나누고 제작도(working drawing)로 부품도(part drawing)와 조립도(assembly drawing)있다.

표 5-14

	내 용
원도(original drawing)	트레이싱 페이퍼(tracing paper)에 연필이나 그려지는 도면
트레이싱도 (traced drawing)	동일한 도면이 여러 장 필요 할 때 사용 트레이싱 페이퍼에 직접 연필로 그려 사용하기도 하며, 요즘은 CAD로 직접 출력
제작도 (working drawing)	제작도는 부품도, 부분 조립도, 조립도로 구별되며, 제품의 모양, 치수, 재질, 가공 정도, 공정 등 필요한 모든 사항이 기입
부품도 (part drawing)	부품도는 부품마다 하나씩 한 개로 그려지는 그림이고 치수 다듬질 기호, 공차 등 공작에 필요한 사항이 기입
부분조립도 (partial assembly drawing)	기계가 크고 복잡하여 몇 부분으로 나누어질 수 있을 때, 그 한 부분의 조립을 나타냄
조립도(assembly drawing)	조립도는 기계 전체를 조립한 순서대로 그린 것으로 부품번호, 관련치수, 조립 요령, 부품표, 표제란 등이 기입

2. 평면도학

(1) 선과 글자

- 기계제작도면은 도형과 정보로 구성된다. 도형은 선으로 표현하며, 정보는 문자로 기입한다.
- 선과 문자는 기계제도의 기본 요소이다
- 선은 굵은 선과 가는 선으로 구분한다. 굵은 선의 폭은 0.5에서 0.8 mm, 가는 선은 0.3에서 0.5 mm의 폭을 갖는다.

(2) 문자쓰기

① 읽기 쉬울 것 : 연필로 쓰는 글자는 도형을 표시한 선의 농도에 맞추어 쓴다.
② 균일할 것
③ 마이크로필름 촬영에 적합할 것 : 글자와 글자의 간격은 글자 굵기의 배 이상으로 한다.
④ 한자 : 획수가 16이상인 한자는 되도록 한글로 쓴다. 한자의 서체는 KS 규격 A0202 '기계 조각용 표준서체(한자)'에 준한다.
⑤ 한글 : 크기 호칭 2.24 mm, 3.15 mm, 4.5 mm, 6.3 mm, 9 mm 다섯 종류를 원칙으로 한다.

표 5-15

번호	선의 명칭	형태	설명 및 그리는 방법
1	실선	————	연속된 선
2	파선	– – – – – –	일정한 간격으로 짧은 선의 요소가 규칙적으로 반복되는 선(가능하면, 3 mm 짧은 선, 1 mm 간격, 3 mm 짧은 선, 1 mm 간격의 비율로 그린다.)
3	1점쇄선	—— – ——	장단 2종류의 길이의 선의 요소가 번갈아 반복되는 선(가능하면, 긴 선, 1 mm 간격, 3 mm 짧은 선, 1 mm 간격, 긴 선의 비율로 그린다.)
4	2점쇄선	—— – – ——	장단 2종류의 길이의 선의 요소가 장, 단, 단, 장, 단, 단의 순서로 반복되는 선(가능하면, 긴 선, 1 mm 간격, 3 mm 짧은 선, 1 mm 간격, 3 mm 짧은 선, 1 mm 간격, 긴 선의 비율로 그린다.)

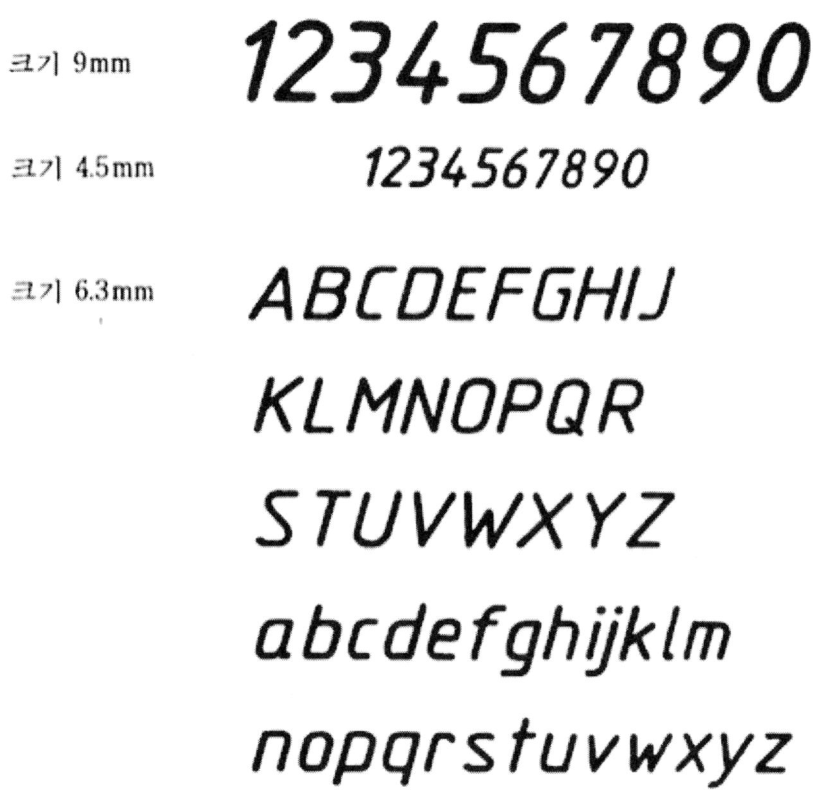

그림 5-18

(3) 도면의 척도

① 실척(full scale); 도형의 크기를 실물의 크기와 같게 그린 그림으로 모양과 크기를 이해하는데 제일 편리하다.

표 5-16

척도의 종류	란	척도
축척	1	1:2 1:5 1:10 1:20 1:50 1:100 1:200
	2	1: $\sqrt{2}$ 1:2.5 1: $2\sqrt{2}$ 1:3 1:4 1:5 $\sqrt{2}$ 1:2.5 1:250
실척	-	1:1
배척	1	2:1 5:1 10:1 20:1 50:1
	2	$\sqrt{2}$:1 2.5 $\sqrt{2}$:1 100:1

비고: 1란의 척도를 우선으로 사용한다.

② 실습과제

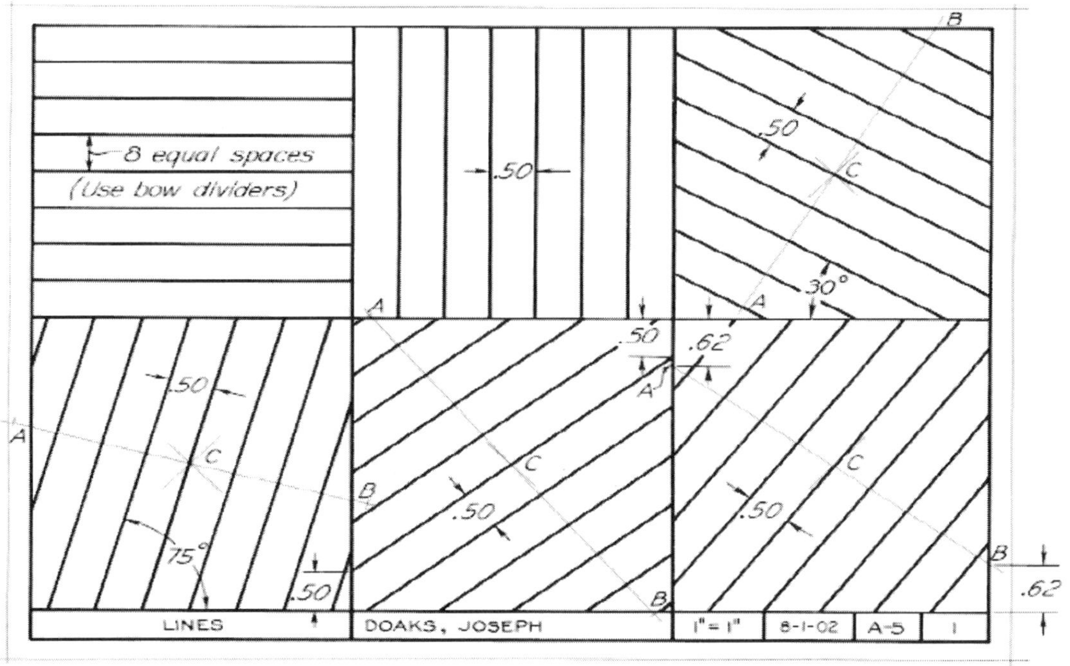

3. 도면해독

(1) 투상법

① 투상법 개요

- 입체형 물체를 평면상의 형상으로 표현하는 방법
- 광원(눈)으로부터 빛을 물체에 비추어 그 그림자를 평면에 나타내는 것과 같은 원리
- 선을 투상선(Projection line), 면을 투상면(Projection plane), 그림을 투상도(Projection drawing)

② 물체의 투상도

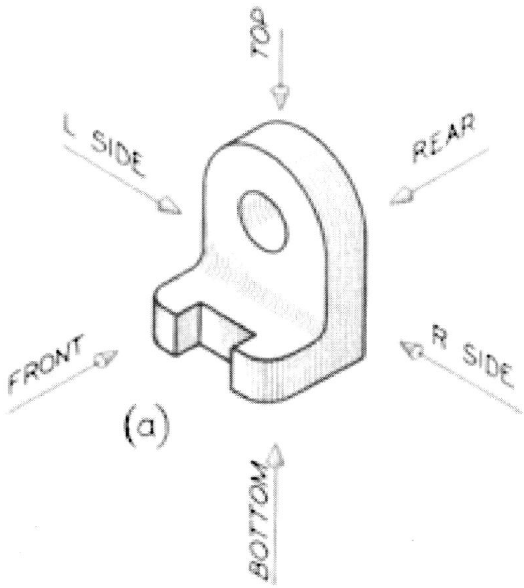

그림 5-19 6개의 표준 투상도: 정면도(F), 우측면도(RS), 평면도(T), 좌측면도(LS), 배면도(R), 저면도(B)

- 투상도에 의한 형상표현
  정면도(front view)
  우측면도(right side view)
  평면도(top view)
  좌측면도(left side view)
  배면도(rear view)
  저면도(bottom view)

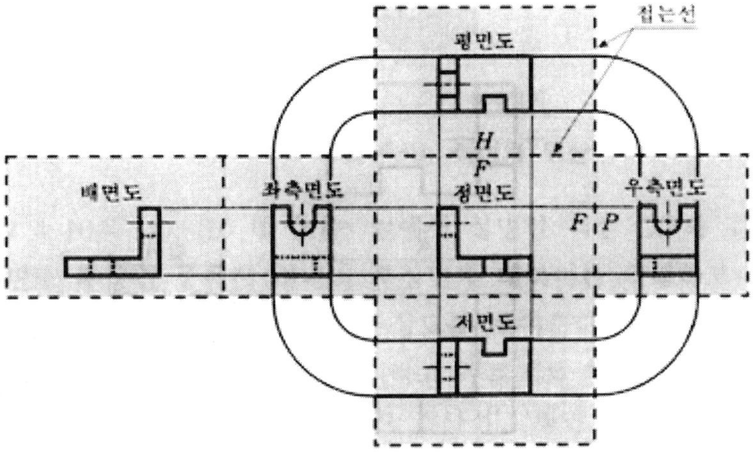

그림 5-20

③ 제 3각 투상법과 제 1각 투상법

- 제 3각 투상법 눈-물체-투상면
- 제 1각 투상법 눈-투상면-물체

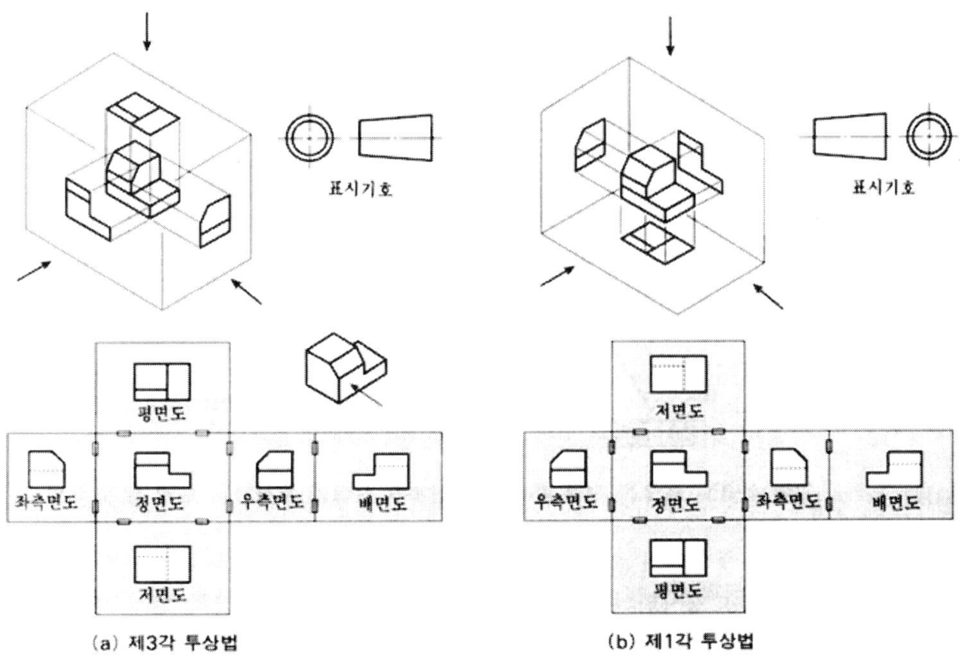

(a) 제3각 투상법 (b) 제1각 투상법

그림 5-21

④ 입체적 투상법

- 등각(isometric) 투상법
- 사(oblique) 투상법
- 투시(perspective) 투상법

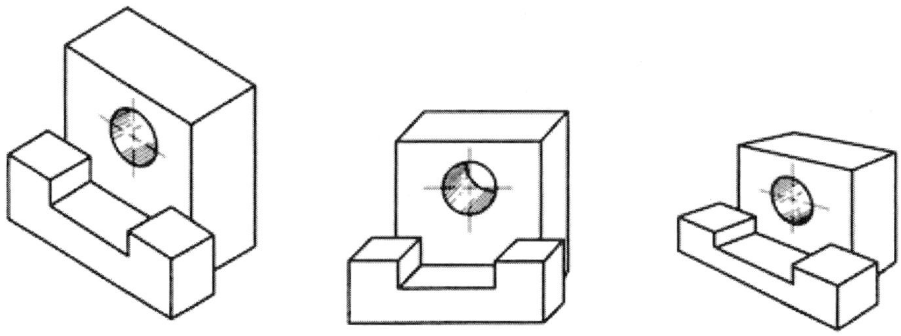

(a) 등각 투상법 (b) 사투상법 (c) 투시 투상법

그림 5-22

(2) 투상법 과제

도명	도면을 읽는 방법	문 제
내용	3도를 검토하고 모자라는 외형선, 숨은선을 그려서 완전한 투상도로 한다.	

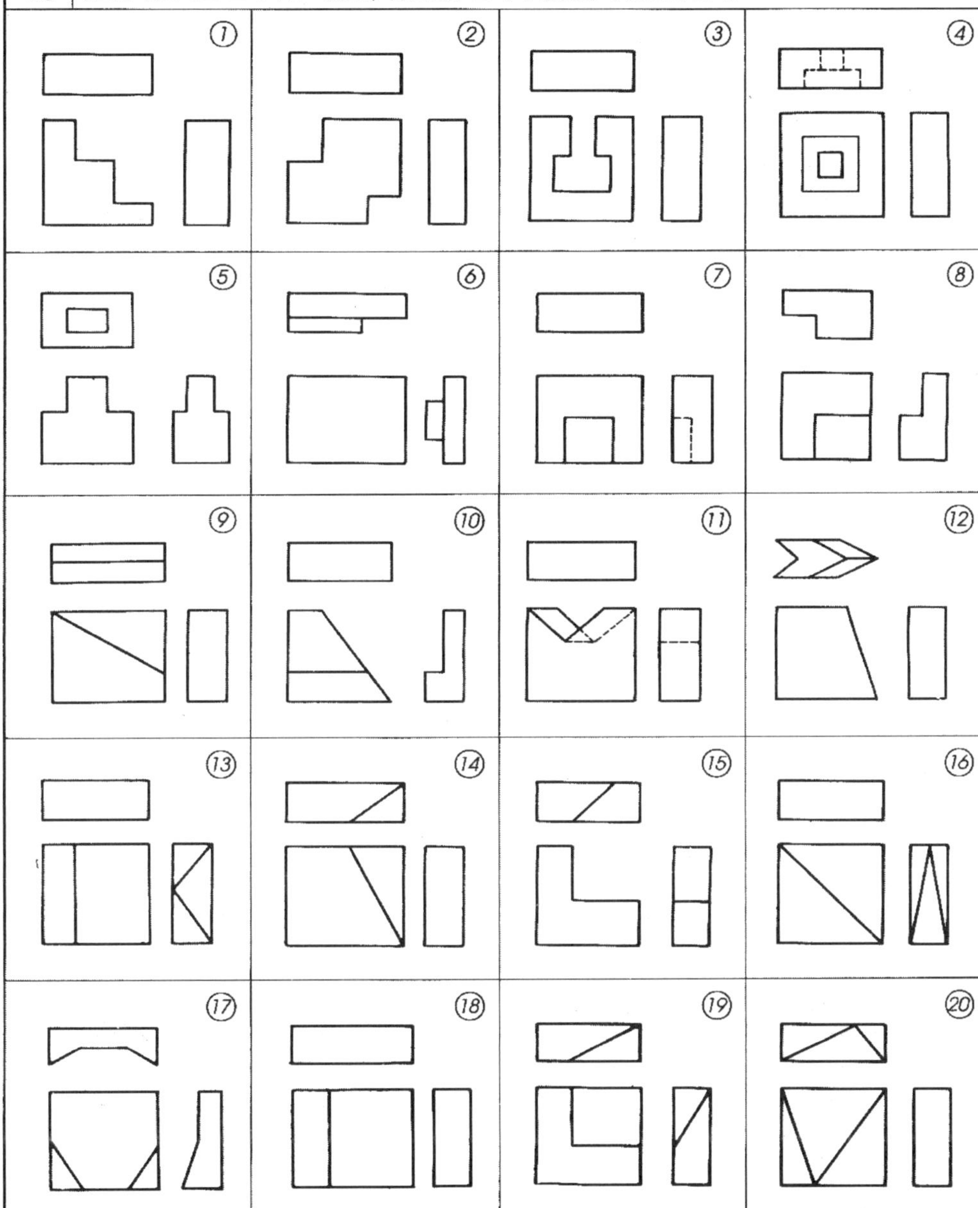

도명	투상도의 선택	문 제
내용	다음 정방안지에 3 면도를 그리시오.	

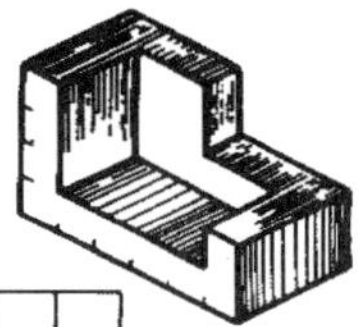

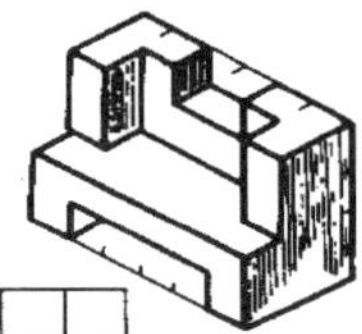

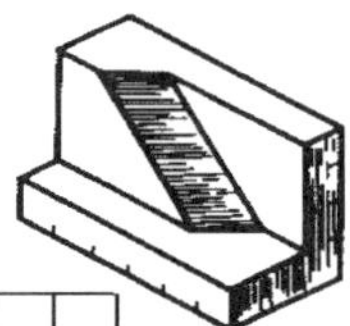

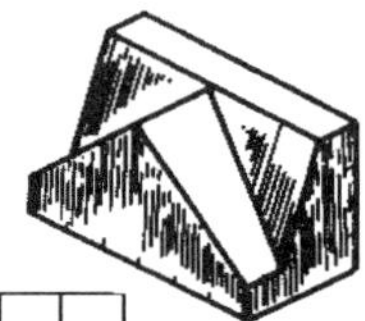

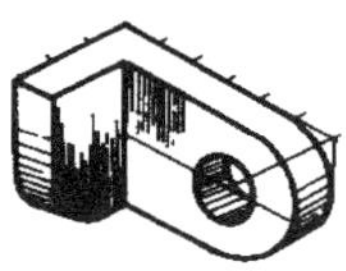

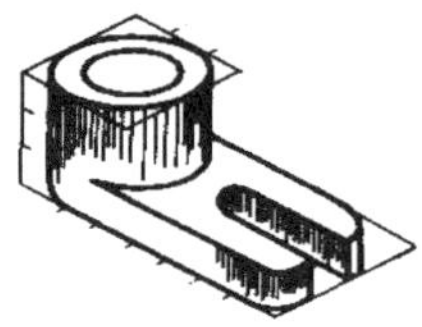

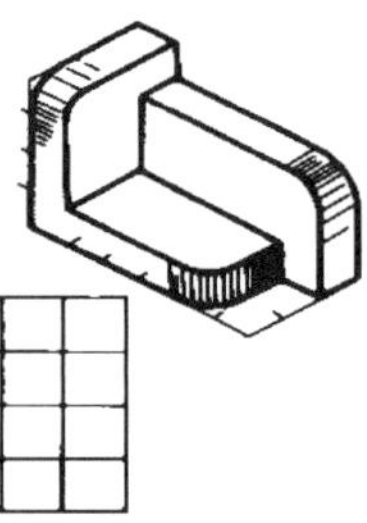

4. 도면해독 사례

(1) 다음도면을 삼각법으로 도시하라.

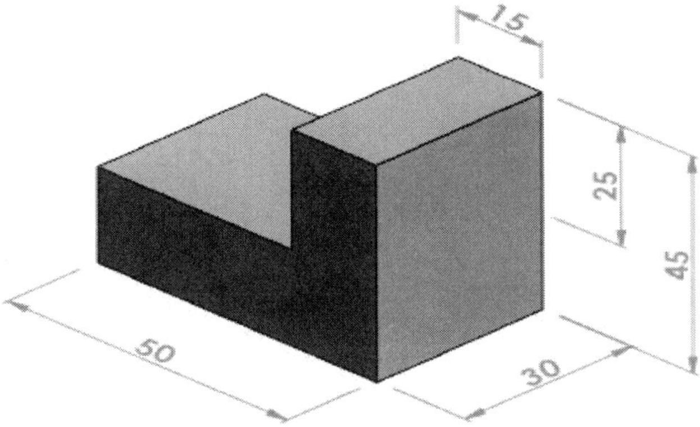

[도면해독]

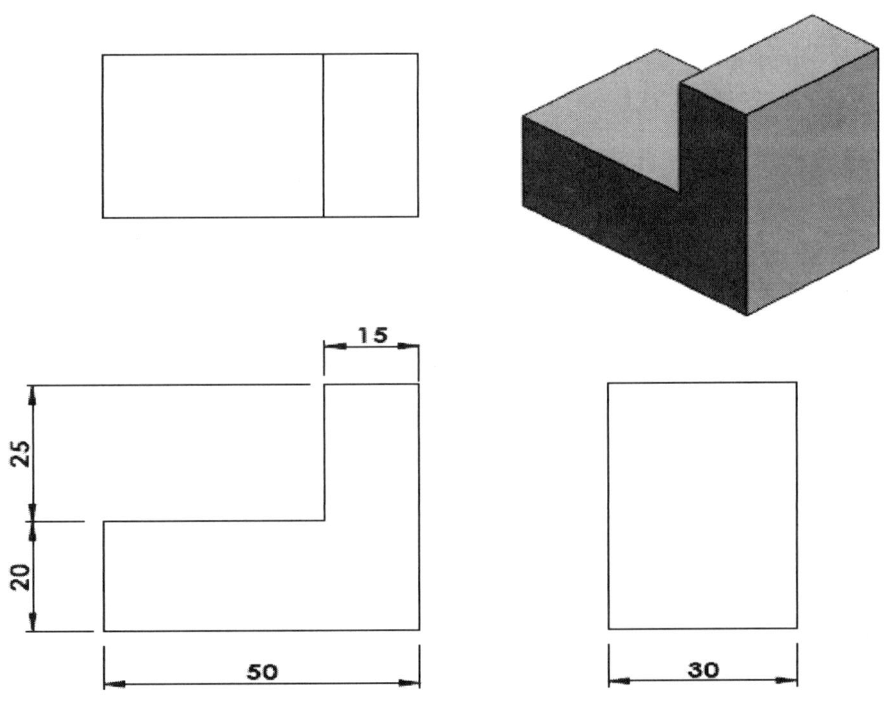

(2) 다음도면을 삼각법으로 도시하라.

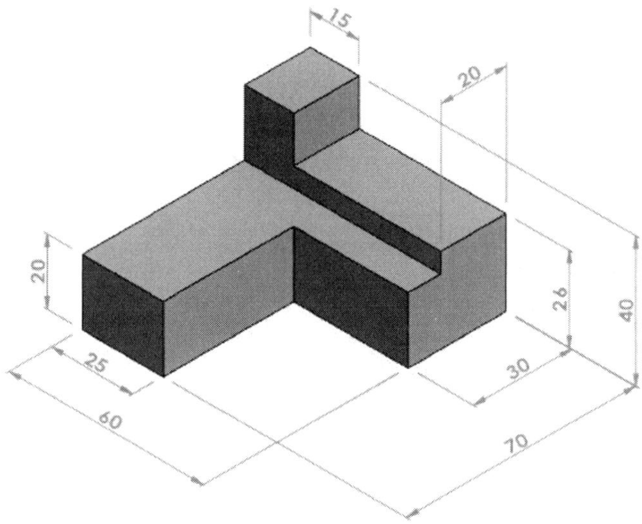

[도면해독]

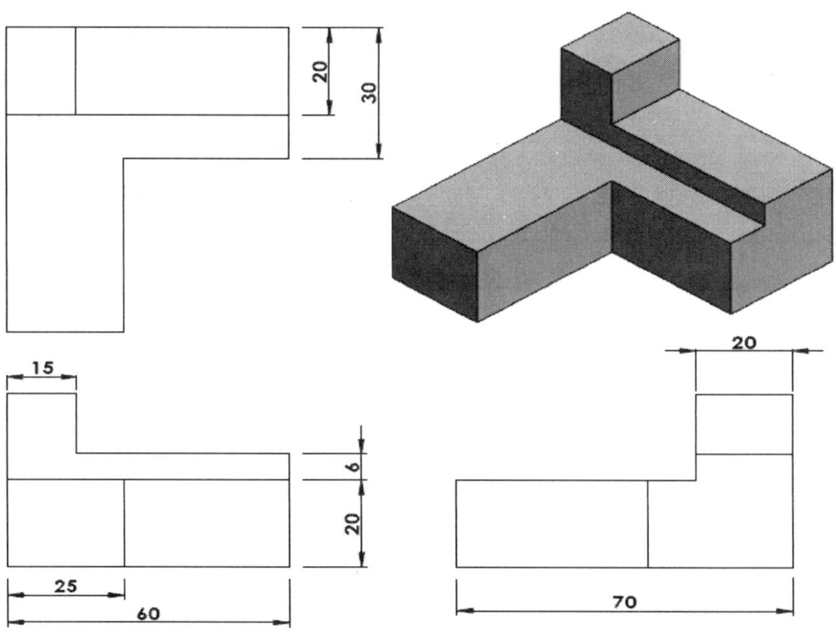

(3) 다음도면을 삼각법으로 도시하라.

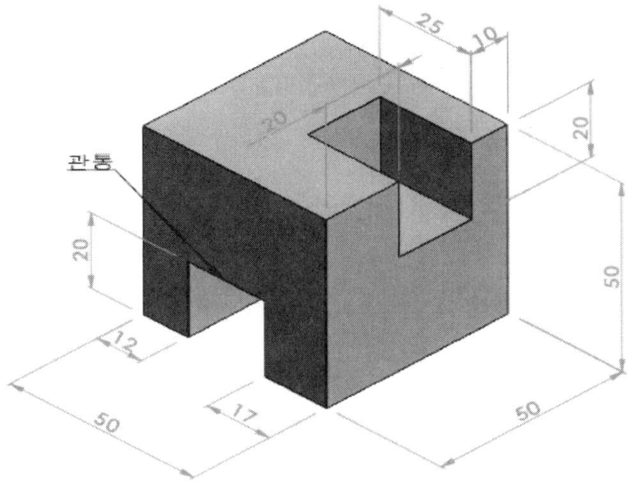

[도면해독]

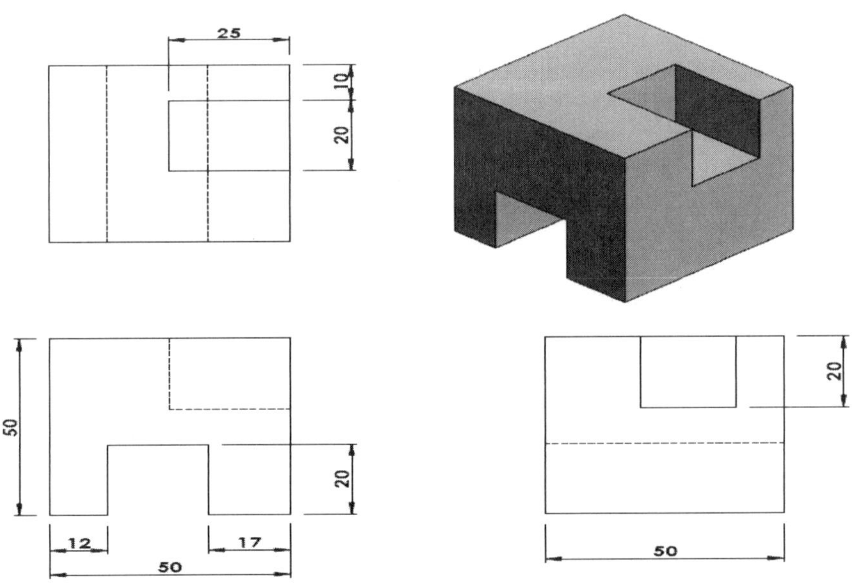

(4) 다음도면을 삼각법으로 도시하라.

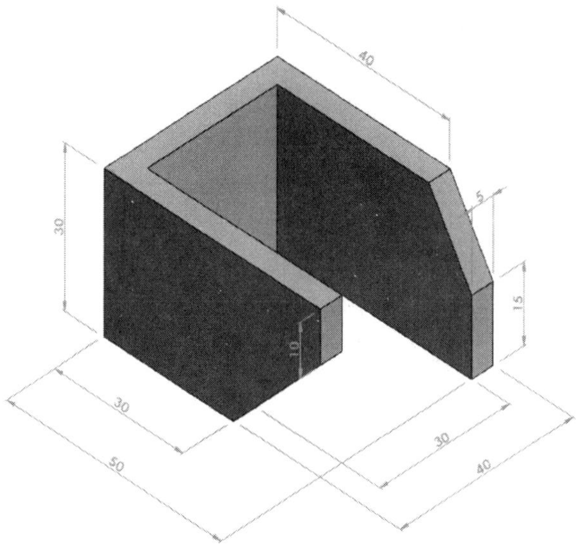

[도면해독]

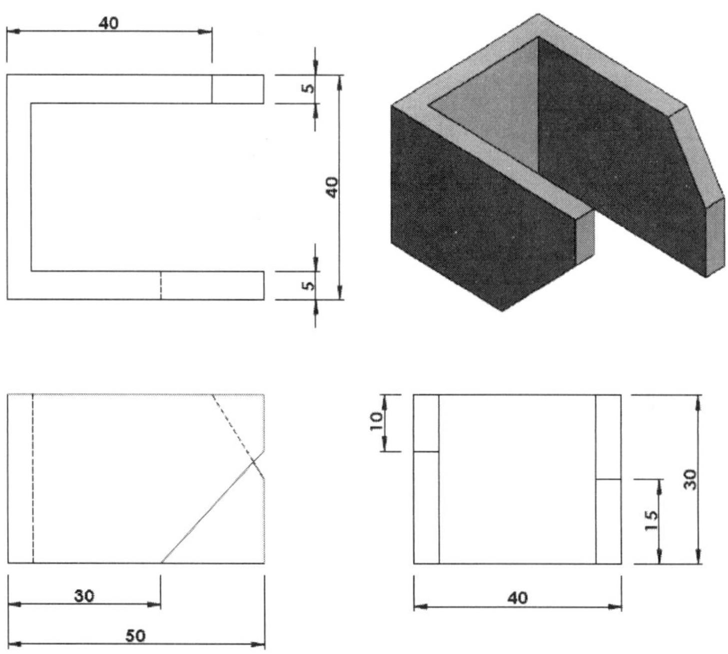

(5) 다음도면을 삼각법으로 도시하라.

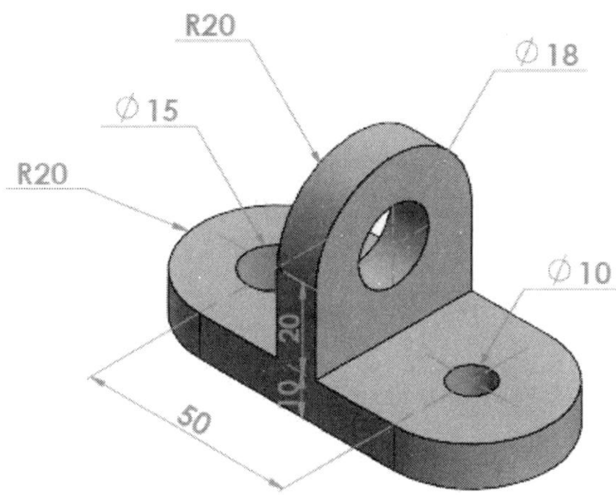

[도면해독]

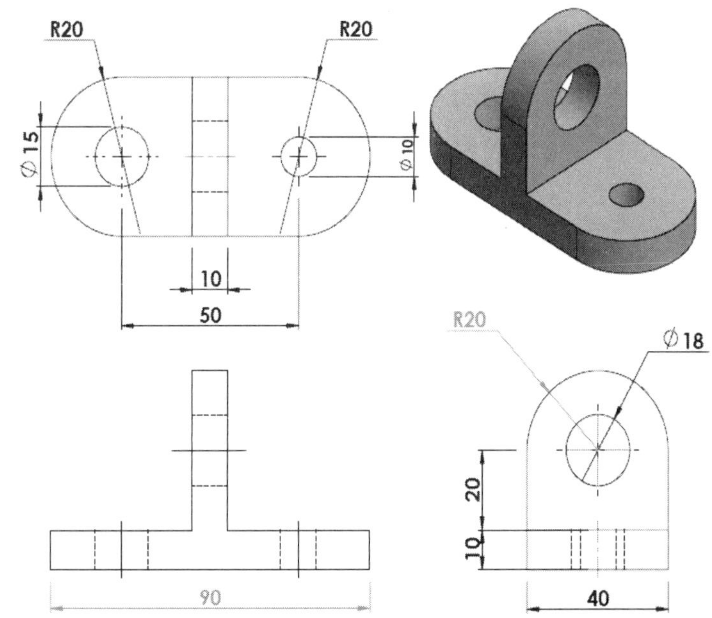

(6) 다음도면을 삼각법으로 도시하라.

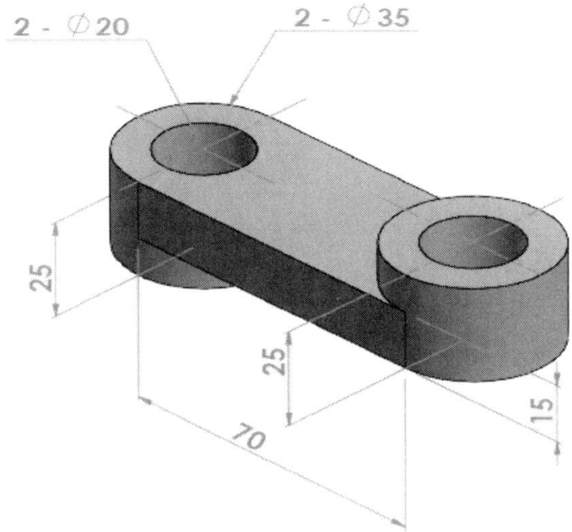

[도면해독]

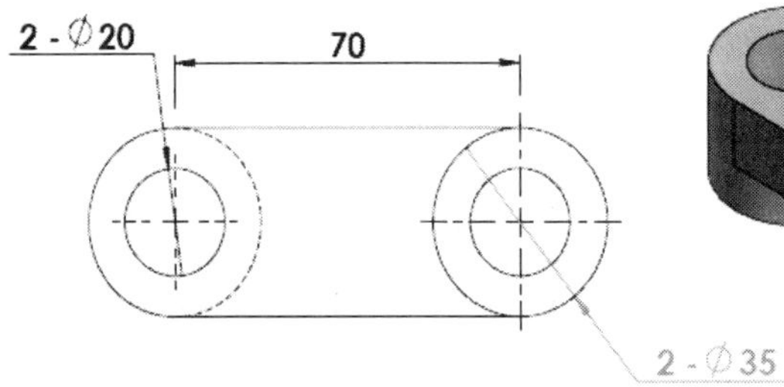

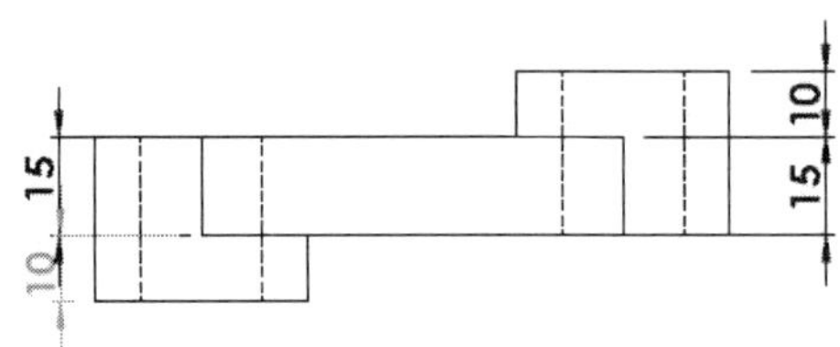

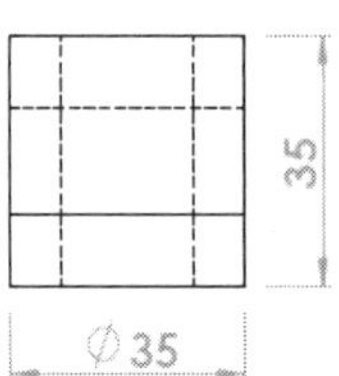

(7) 다음도면을 삼각법으로 도시하라.

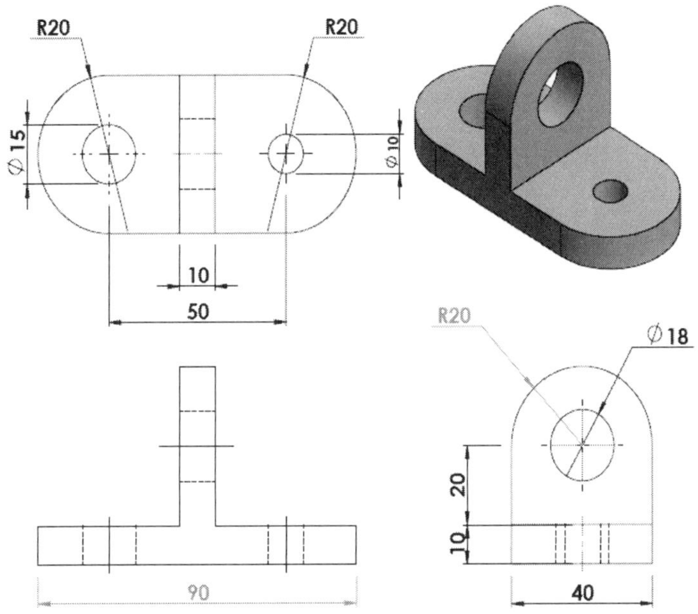

[도면해독]

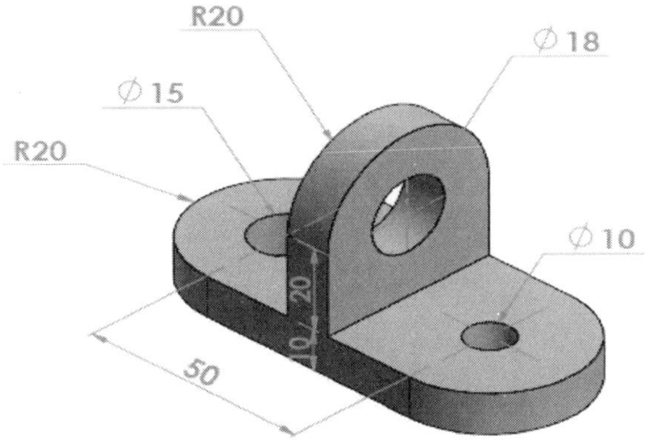

(8) 다음도면을 삼각법으로 도시하라.

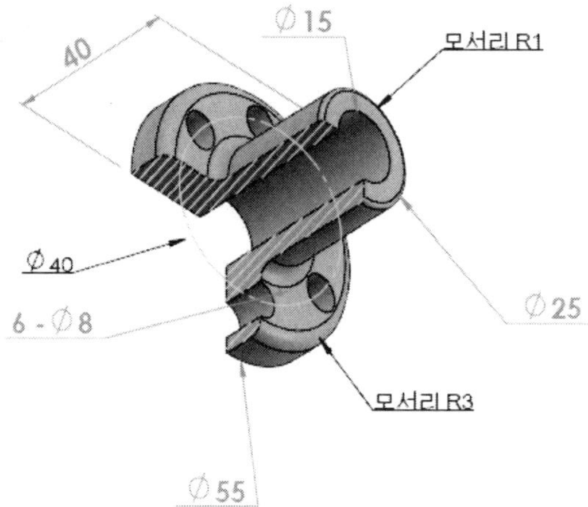

[도면해독]

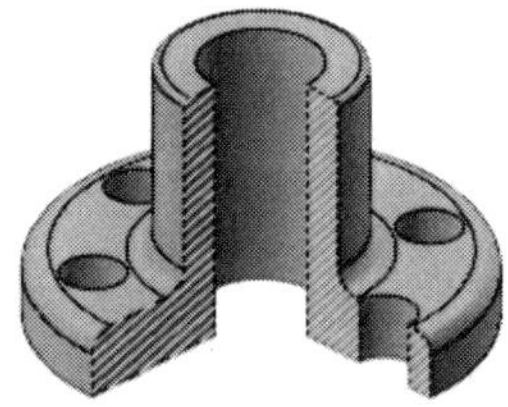

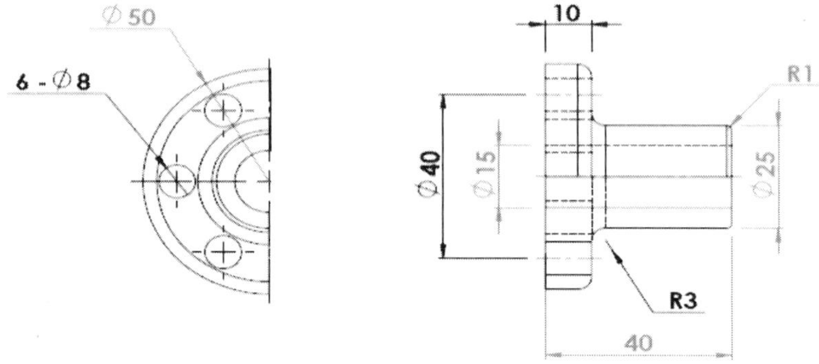

도면실습 1	실 습 명	다음을 삼각법으로 도시하시오

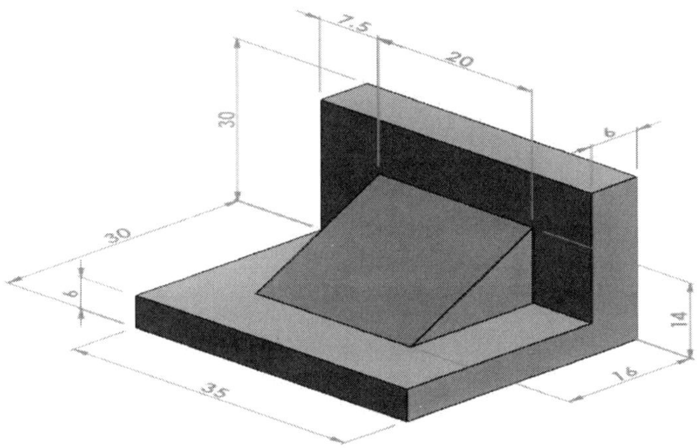

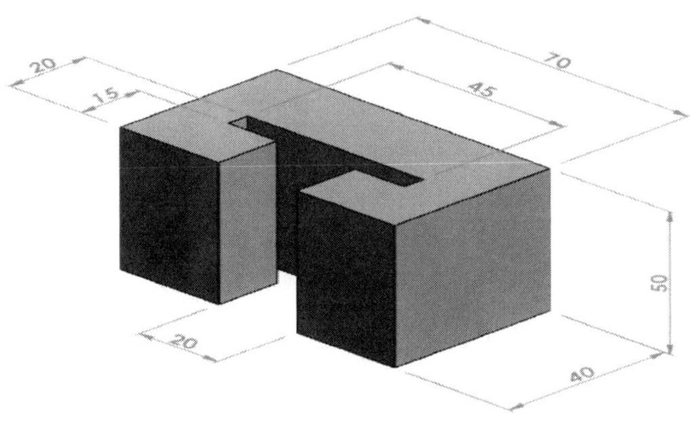

도면실습 2	실 습 명	다음을 삼각법으로 도시하시오

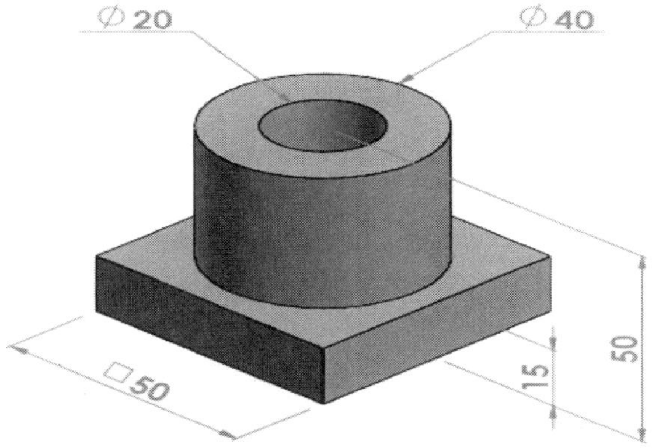

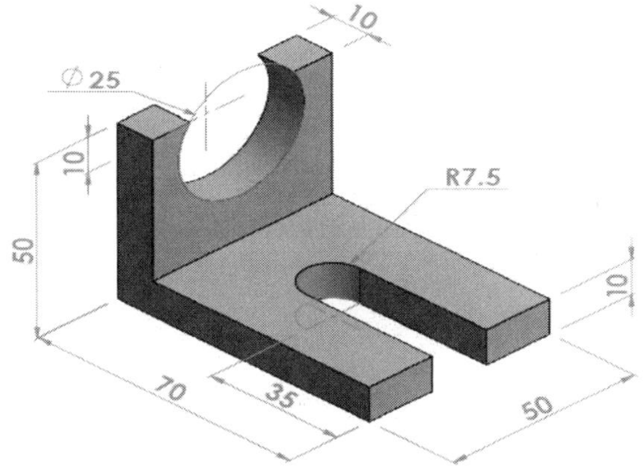

도면실습 3	실 습 명	다음을 삼각법으로 도시하시오

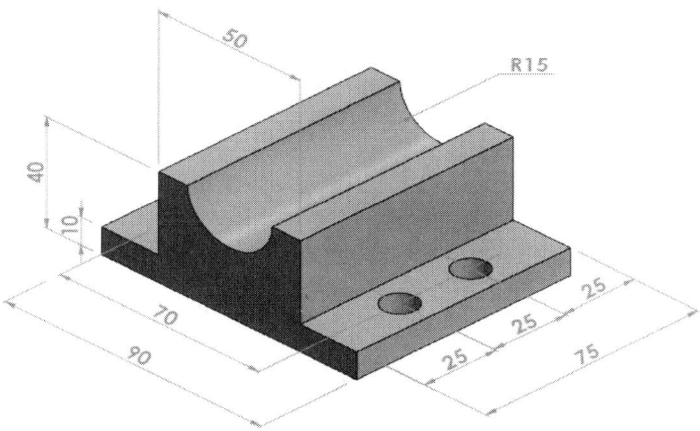

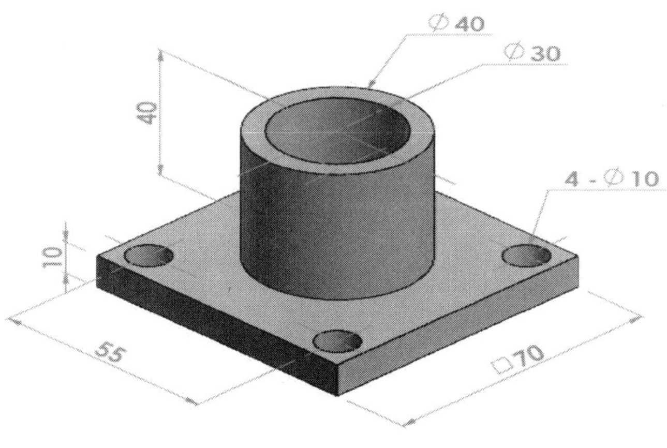

도면실습 4	실 습 명	다음을 삼각법으로 도시하시오

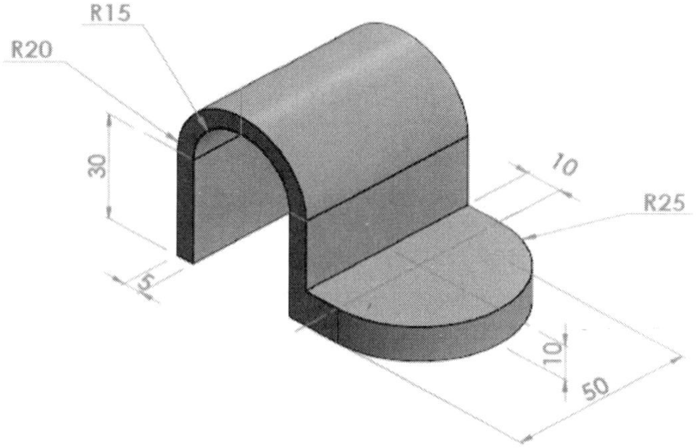

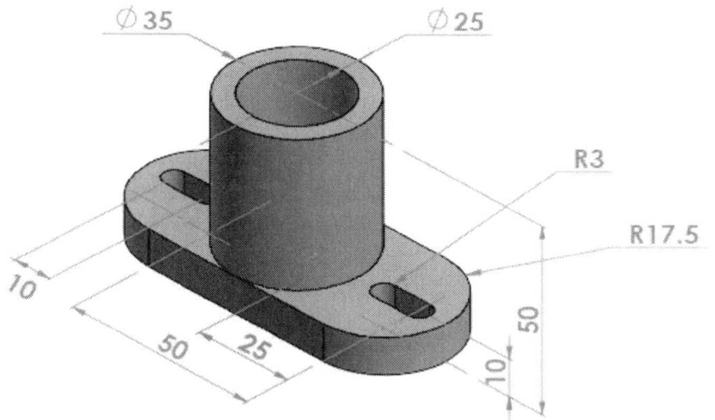

도면실습 5	실 습 명	다음을 삼각법으로 도시하시오

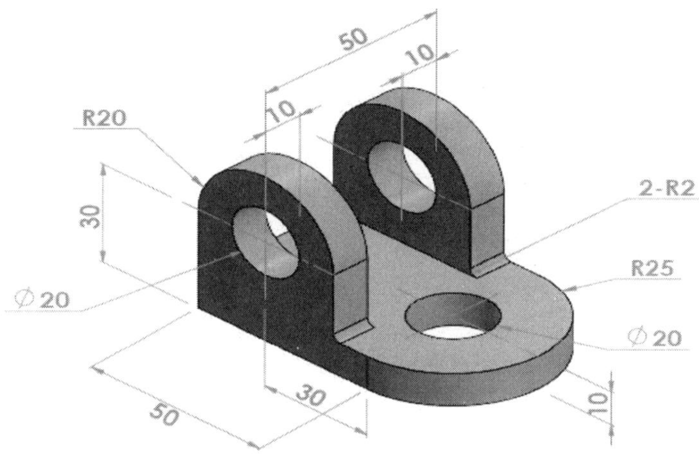

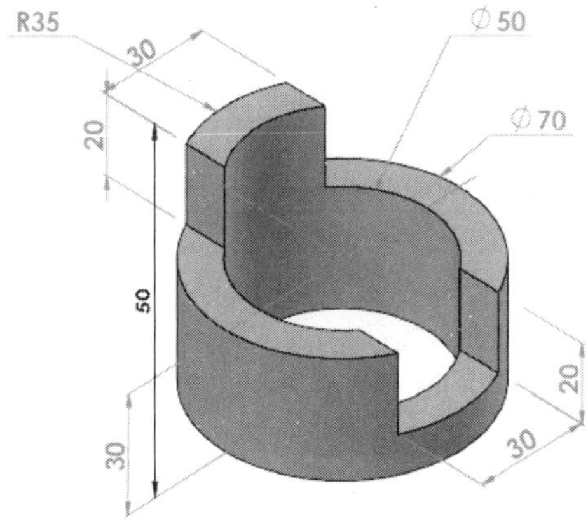

도면실습 6	실 습 명	다음을 삼각법으로 도시하시오

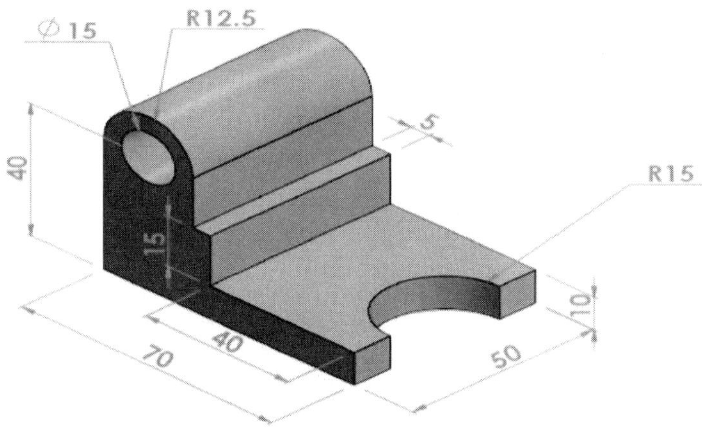

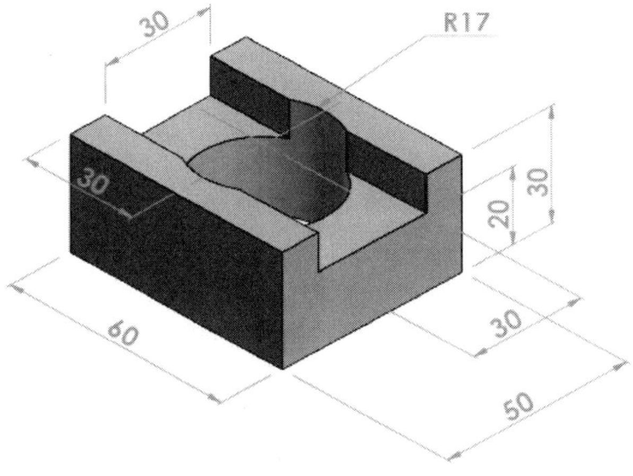

도면실습 7	실 습 명	다음을 삼각법으로 도시하시오

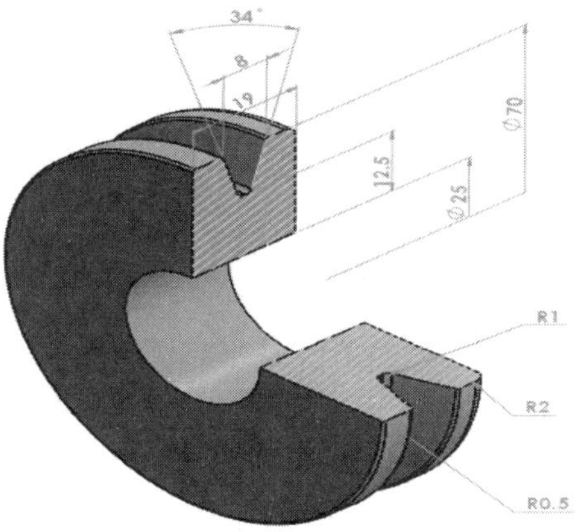

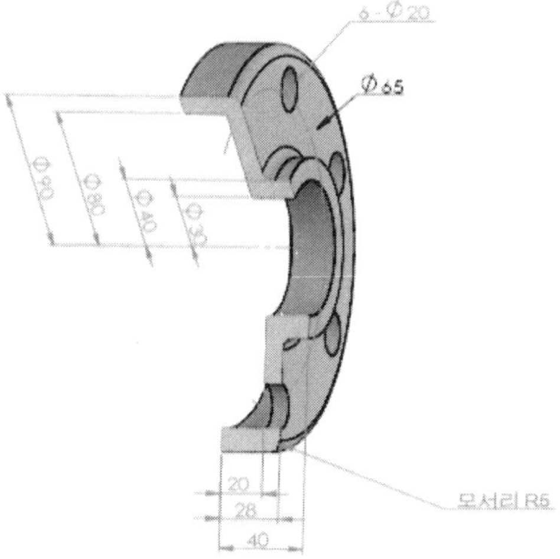

도면실습 8	실 습 명	다음을 삼각법으로 도시하시오

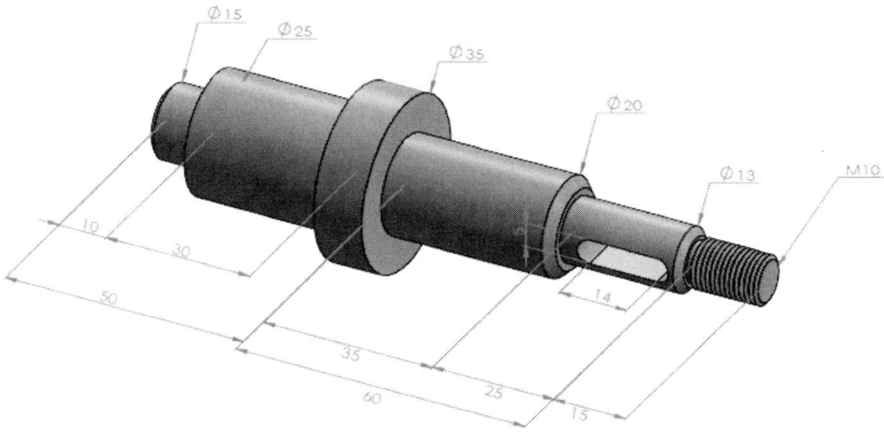

Reference

1. 재료과학의 이해와 응용/박원구외4인/ mcgrawhill
2. 기계공작법 /이종찬외 5인/문운당
3. http://nsmlab.sogang.ac.kr/COURSEWORK/machin/machinedata
4. http://www.dsenpla.com/tech/tech-07-2.htm
5. http://tester.metalnetchina.com/tech/hardness_data.html
6. http://www.ktl.re.kr/download_file/gigye.hwp
7. http://www.metalkorea.biz/catalog/hardnessCatalog.hwp
8. http://www.dycnt.co.kr/ze1.hwp
9. http://www.chemwide.co.kr/techinfo/02properties_theory/07pmma/502-3.html
10. http://daihanscience.koreasme.com/viewproduct_1011_k.html
11. http://100.naver.com/100.php?id=23699

6장 제품 설계 제작

6.1 제품 설계

1. 제품개발단계

제품개발과정은 아이디어 개발단계로 제품개발 및 개발방향을 결정하고 좋은 아이디어를 선택하는 개발기획 과정이 있으며, 디자인 개발 프로젝트를 구체화시키고 이를 통해 실제 개발 방향을 검토하고 결정하는 것을 말한다. 제품개발의 검증을 평가하여 제품 가치의 실현 가능성을 최종적으로 확인하고 생산관련 사항을 검토 설계목표 달성에 대해 관련부서에 의해 적합성을 확인하는 개발제품 분석과정과, 그리고 양산 설비 및 공정설계 내용 등을 확정함으로써 제반사항을 준비하는 제품개발과정 단계이다. 마지막으로 개발제품의 제조 설비, 공정 등의 적합성을 확인하여 필요한 자원을 투입하고 생산을 하는 등, 판매를 위해 최종점검을 하는 단계로 분류한다.

표 6-1 제품개발단계

	내 용
① **개발기획과정**	아이디어 제안, 시장조사, 고객요구 발생에서 부터 상품기획서 작성 및 승인까지 일련의 업무로서 제품개발 및 개발방향을 결정하는 단계
② **개발제품분석과정**	제품 개발 계획서를 초안으로 기초설계의 실현 여부 및 제품개발의 검증하고 평가하여 제품 가치 판단과 생산가능성을 검토하는 단계
③ **제품개발과정**	양산을 위한 시제품 개발, 시제품 생산 및 검증인증, 개발제품의 제조상의 문제점 및 제조 설비, 공정 등의 적합성을 확인하는 단계
④ **생산판매과정**	양산 준비를 완료하고, 생산관리부서의 생산지시 에 의하여 필요한 자원을 투입하고 생산을 하는 등, 판매를 위해 최종점검을 하는 단계

2. 신제품 개발전략유형

경쟁신제품보다 더 우수한 제품을 개발하여 시장을 공략하는 선제전략(proactive strategy)과 고객의 현시적(顯示的) 니즈(current needs)를 토대로 하는 전략이 있으며, 잠재고객들에게 신제품 요구를 불러일으키는 R&D전략과 경쟁자의 신제품 출시로 매출이 하락할 자사의 기존제품을 보호하기 위한 방어전략 등이 있다. 기업 여건과 개발환경에 부합되는 개발전략을 선택하는 것이 매우 중요하다. 신제품의 성공원인을 보면 고객의 니즈를 충족시키며 높은 가치(value)를 실현시키거나, 혁신적인 제품 등 기술적 우위를 점하거나 성장가능성에 대한 면밀한 분석이 있었다.

표 6-2 신제품 전략 형태

	내 용
① 선제전략	경쟁신제품보다 더 우수한 제품을 개발
② 고객요구전략	고객의 요구(current needs)를 토대로 하는 전략.
③ R&D전략	신제품을 예측하여 발발
④ 모방전략	다른 기업의 성공제품을 모방
⑤ 방어전략	경쟁자의 신제품 출시로 매출이 하락할 자사의 기존제품을 보호

6.2 기술개발사업계획서

중소기업청 등 정부 부처에서 벤처기업 및 산업체에 연구비를 지원하는 기술 개발 사업의 경우 대부분 개발하고자 하는 기술에 대한 개발 목적, 내용, 개발 일정, 연구 능력, 연구비 사용 계획 등을 명시한 과제 연구 수행 계획서를 제출하고 제출된 수행 계획서를 대상으로 선정 평가 과정을 거쳐 과제의 선정 여부가 결정된다. 따라서 수행 계획서는 과제 선정을 위한 가장 기본적이면서 중요한 자료가 된다. 물론 궁극적으로는 개발하고자 하는 기술의 내용 및 연구 능력 등이 가장 중요한 평가 척도가 되긴 하나 이러한 내용을 글로 나타내는 수행계획서야 말로 이를 객관적으로 표현할 수 있는 거의 유일한 방법이라 할 수 있다.

1. 제품개발의 배경

주요 내용으로는 국내외 기술 개발 발전 현황, 개발 업체 현황 및 수준, 향후 발전 방향 등의 내용 제시를 너무 서술적으로 표현하지 말고 반개조식으로 서술하며 특히

본 회사에서 제안한 기술의 방향을 염두에 두고 발전 방향이 제시되어야 한다. 기술에 대한 국내외 현황 분석은 단순히 선정만을 위해 쓰이는 것은 아니고 제안한 기술을 개발하는 중이나 혹은 개발 완료 후 제품화를 위한 단계에서도 계속해서 조사 분석되어야 하는 경쟁 제품과의 벤치마킹 활동임. 이미 남들이 더 나은 성능을 갖는 제품을 개발하였다면 나중에 개발해 보아야 경쟁력이 떨어지며 또한 이러한 경우 개발 중간 단계에서 연구 목표를 변경/확장해야 하므로 계속적인 국내외 현황 분석은 개발의 성공을 위해 꼭 필요한 사항이다.

① 현재 제품의 문제점 혹은 소비자의 요구사항
② 유사제품의 개발동향
③ 제품개발의 필요성

2. 기술개발개요

기술개발의 현황과 필요성을 중심으로 서술하되 필요시 개발 대상기술 또는 제시와 기본 개념도 등 포함작성하고 제공하려는 서비스의 필요성을 중심으로 연구개발의 현황과 필요성을 서술하되 필요시 개발 대상 서비스, 기술, 또는 제품의 기본 개념도 등 포함하여 작성한다.

① 개발 필요성
개발대상기술(또는 제품)의 기술, 경제·산업적 중요성과 이에 따른 기술개발의 필요성을 구체적으로 서술
② 개발 기술의 독창성 및 도전성
개발대상기술(또는 제품)의 독창성, 신규성 및 차별성 등을 기존기술 및 세계수준과의 비교를 통해 구체적으로 서술
③ 기술적 파급효과
해당 기술의 향상, 다른 기술에 대한 파급효과 등을 서술

3. 제품개발 목표 및 내용

(1) 기술개발 목표

개발을 원하는 기술의 목표 및 구체적인 내용을 서술하는 것은 선정 평가 시 가장 중요한 항목으로 전체 선정 평가 점수의 대략 30%이상을 차지하고 있으며 실제적으로는 이보다 더 큰 비중을 차지한다. 개발하고자 하는 기술의 내용을 최종산물(제품, 기술 등)로 함축하여 간략히 표현하고, 수요처의 기술지원 지도내용 포함하여 작성 한다.

따라서 이처럼 중요한 항목에 대한 작성에 있어 몇 가지 고려되어야 할 점은 다음과 같다.

- 품질의 집(HOQ) 구성을 통한 설계 목표 제시
- 설계사양 도출
- 설계개념안의 제시 및 검토결과

(2) 목표 와 기술내용

수행계획서의 제목의 경우 개발하고자 하는 목표가 명확하게 드러날 수 있어야 하며 유사기술과 차별성이 보이도록 표현하고 목표는 제시된 제목과 내용의 일치성을 기해야 하며 이를 서술적으로 풀어서 좀 더 구체적인 내용이 제시되는 것이 유리하다. 연구 개발 내용에서 가장 중요한 것은 유사 기술과의 기능적, 성능적 차별성이 가장 중요하며 여기에 혁신성과 독창성을 좀 더 부각할 수 있으면 좋고 기존에 나와 있는 요소 기술들을 통합하여 새로운 기술/제품을 개발하는 경우는 개발 내용에 있어 참신성 및 시장성을 강조 한다.

4. 관련기술 현황

① 관련기술의 국내·외 기술개발현황 및 트렌드, 정부정책 방향, 문제점 및 향후 전망을 객관적·구체적으로 서술(인용한 경우 출처명기)

② 관련기술 및 해당 서비스의 국내·외 현황, 문제점 및 향후 전망을 객관적 · 구체적으로 서술하되 인용한 경우 출처 명기

5. 개발될 제품의 기술내용

개발 방법에 있어 중요한 것은 정해진 연구 기간에 맞게 세부 추진 내용을 분명하게 서술해야 하며 개발 활동에 대한 분배가 잘 되도록 작성하여야 하고 필요하다면 설계, 구현, 시험, 통합 등의 일정에 있어 시스템 공학적으로 작성한다.

대체적으로 개발 일정에 대한 내용은 일정 관리에서 쓰이는 마일스톤 차트나 간트 차트 등을 사용하는 것이 일반적이다. 세부 활동내용은 전체 개발 내용이 빠지지 않게 작성되어야 하며 특히 세부 활동 및 기간별로 산출되는 중간 결과물 등을 제시하는 것도 중요하며 각각의 참여 연구원의 역할도 명시될 수 있어야 한다.

그리고 단독연구가 아니고 공동 연구(위탁 등도 포함)인 경우에는 주관 기관과 공동 기관간의 역할 분담 및 이에 대한 공동 연구의 필요성 및 합리성 등이 잘 표현해야 한다. 제안한 기술이 단순히 기능적, 성능적 규격 측면의 차별성이 아니라 개발 구현 방법에 있어 차별성이 있는 것이라면 이 부분의 내용이 중요한 이슈가 될 것이며 구현 방법의 차별성이 기술 특성(제품 공정 개발 등)에 따라 때로는 중요한 평가 요소가 되기도 한다.

① 제품의 개략도 제시 및 작동(기능) 설명
② 전체 개발하고자 하는 주요 핵심기술 위주로 기존 제품(기술)과의 차별성 등 세부적인 개발내용 서술
③ 수요처의 기술지원 지도 내용 포함하여 작성
④ 개발하고자 하는 주요 제품-서비스 복합 시스템, 비즈니스모델, 서비스 전달체계 등을 구현하기 위한 세부 연구개발 내용을 서술

6. 기대효과 및 사업화 계획

최근 들어 각 기술 개발 사업의 경우 단순히 기술개발에만 머무는 것이 아니라 이를 상용화/제품화하는 방향으로 나아가고 있습니다. 이에 따라 평가 점수의 비중에 있어서도 연구 목표 및 내용에 못지않게 많은 비중을 차지하고 있으며 몇몇 사업의 경우 기술성 평가와는 별개로 사업성 평가 절차를 거치는 등 갈수록 그 비중이 커지고 있다.

제안 기술(제품)의 과거 및 현재의 국내외 시장 규모 및 발전 추세에 따른 향후 시장 규모에 대한 자료를 객관적으로 잘 분석하여 제시하여야 하며 단순히 시장 분석 기관에서 내어놓은 자료만 언급하기보다는 때로는 회사 주관적으로 시장에 대한 분석 및 발전 추세 등도 포함하여 작성하면 유리하다. 단순히 기존 적용 분야 등을 나열하는 것보다는 제안한 기술의 차별성을 연계하여 다양한 분야에 적용이 되고 신규 시장을 창출한다는 내용이 들어갈 수 있으면 상당히 좋은 내용이 될 것이다.

① 객관성 있는 산출근거를 바탕으로 개발대상의 기술(제품)에 대한 시장규모를 제시하거나, 시장규모 파악이 어려운 경우 아래 표를 생략하고 관련 사례, 소비자 조사결과, 뉴스, 논문 등 관련 자료 제시할 것
② 기술개발결과의 활용분야 및 활용방안을 구체적으로 서술
③ 기술개발 결과 특성이 반영된 시제품이 최종 제품형태로 개발되는 동안의 계획과정을 자세히 설명
④ 양산 및 판로 확보 계획
⑤ 제품화 이후의 양산 계획, 방법 및 양산 제품의 마케팅·판매전략 등 생산 및 판로 확보방안을 구체적, 객관적으로 서술

표 6-3 기술개발 단계별 소요기간

R&D과제 개발기간	양산준비 기간	기술의 경제적 수명 (년 ~ 년 : 총 년) 매출 발생기간(= 기술의 경제적 수명) 년 ~ 년 (년)		
		고속성장기	안정성장기	쇠 퇴 기
년 월~ 년 월	년 월~ 년 월	년 월~ 년 월	년 월~ 년 월	년 월~ 년 월
(년 개월)	(년 개월)	(년 개월)	(년 개월)	(년 개월)

ㅇ용어정리

① R&D 과제 개발기간 : R&D과제 선정 후 개발완료까지 소요되는 기간

② 양산준비기간 : R&D과제 개발완료 후 매출시현 전까지 양산준비에 소요되는 기간

③ 고속성장기 : R&D 과제의 사업화성공으로 인한 시장선점 효과 등으로 인해 동업종 평균을 상회하는 성장을 보여 매출액, 순 현금흐름 등이 증가하는 기간

④ 안정성장기 : 유사기술의 출현으로 인한 시장의 경쟁 심화로 인하여 동업종 평균과 비슷한 성장을 보여 매출액, 순 현금흐름 등이 안정적인 패턴을 보이는 기간

⑤ 쇠퇴기 : 기술의 진부화 등으로 인해 매출액, 순 현금흐름 등이 감소하는 기간

6.3 시작품 제작공정계획

개발제품의 분석 평가 및 개발방안 수립, 강.약점 분석 및 보안 대책 수립, 신소재 및 신기술 쟁사 제조공정 정보입수 및 분석평가, 공정설계 및 개선안의 수립 등 공정의 벤치마킹을 실시 검토 및 평가 등의 제품의 벤치 마킹을 실시

1. 제품 품질계획

표 6-4 단계별 추진 내용

설계 순서	설계 내용
1 단계	프로그램 준비 및 확정단계
2 단계	제품설계 및 개발
3 단계	공정설계 및 개발
4 단계	제품 및 공정 유효성 확인
5 단계	양산(피드백 평가 및 시정조치)

표 6-5 시장 조사

순 서	내 용
1 단계	시장점유율 및 시장조사
2 단계	개발 관련 각 부서의 의견
3 단계	사업계획 / 마케팅 전략

2. 공정개발

개발부서장은 금형 치공구 관리 절차에 따라 금형 치공구의 내, 외작을 구분하고 외작인 경우 금형, 치공구 발주 및 일정관리를 하며 내작인 경우는 기술지원 및 제작일정을 관리한다. 또한 공정설계 개발 계획서에 따라 설계 및 개발을 한다.

표 6-6 공정설계 계획

순 서	내 용
공정계획 단계	공정개발 계획 수립
공정개발계획단계	설비 및 치공구 개발계획 작성
공정구성단계	공정 LAY-OUT 구성
공정제품완료	공정제품완료

6.4 시작품 제작 사례

1. 스마트본 보조 거치대 설계제작

(1) 기술개발제작 개요

시작품제작 사례
과제 : 스마트본 보조 거치대 설계제작 본 교과목의 목적은 수강 학생들에게 창의적인 사고와 공학적인 이론을 접목시키는 것이 목적이며 학생들이 직접 개념설계, 해석, 공학설계, 제작, 시험까지의 과정을 거치게 한다. 1)과제명 결정 2) 보고서 작성방법 제1장 일반현황 ① 개요 ② 기술의 필요성 ③ 국내외 기술현황 제2장 기술내용 ① 제품개요 ② 개발제품 내용 ③ 개발제품설계 제3장 결과 ① 개발 결과물 ② 실험결과물내용(도면 , 사진, 실험내용) 첨부 결과물

(2) 시작품 제작계획서

시제품 제작 계획서

■ 시제품 제작 세부내용

구 분	주 요 내 용
제작목표 및 필요성	◦ 거동의 제약이 있는 곳에서 양손과 신체의 거동의 편리함을 위해 고안 ◦ 양손에 우산을 들고 좁은 지하철에서 책이나 신문을 볼 때 ,좁은 책상에서 책과 공책 등 공간의 많이 필요할 때
용도 및 특성	◦ 제약된 공간을 좀 더 효율적으로 이용 특히 장시간동안 누워서 스마트폰을 사용하는 경우 양 팔의 근육을 과도하게 사용하여 팔저림이나 근육통 등의 증상이 발생하는 것을 자주 경험할 수 있는데 이와 같은 부분을 개선하여 스마트폰을 보다 더 스마트하게 사용할 수 있는 것에 기여할 수 있다.
기대효과	◦ 좁은 공간에서의 사람들의 효율적인 활동과 편리함을 추구

■ 소요비용 산출

항 목	산 출 내 역(규격, 수량, 단가)	금 액
철근	(규격: 3 m, 수량:5개, 단가:2만원)	10만원
가죽 재질에 덮게	(규격: 3 m, 수량:5개, 단가:2만원)	10만원
받침대	5개	2만5천원
접착제	3개	2만원
나사	1묶음	5천원
테이프	5개	1만원
합 계		26만원
※ 품명, 규격, 수량, 단가 등을 자세히 기재, 금형이나 몰드 제작은 제외		

(3) 평가방법

① 평가 반영 비율

	기술평가				개인평가 (20)	합계 (100)
	설계작품 기술성 (40)	제품 발표자세 (10)	제품기술 보고서 (10)	기타(대회 입상, 논문제출) (20)		
점수						

② 설계작품기술성(40점)

구 분	내 용	평가기준	
제품 기술성 (10)	문제해결과 기술성	우수기술과 성과가 기대 된다	10
		제품에 우수 기술이다	8
		제품기술이 보통이다	6
		제품기술이 미흡한편이다	4
제품 신뢰성 (10)	제품 견고함과 신뢰성	제품이 견고하고 신뢰성이 기대된다	10
		제품이 견고하지만 견고성이 다소부족하다	8
		제품이 일반적이고 구조적으로 부족하다	6
		제품의 견고성이 많이 부족하다	4
제품 심미성 (10)	제품의 완성도 심미성	제품의 완성도가 아주 높다	10
		제품의 완성도가 우수 하다	8
		제품의 완성도가 보통 이다	6
		제품의 완성도가 미흡 하다	4
제품 경제성 (10)	제품품질의 경제성	재료사용을 최소화 하였다	10
		재료가 최소화되었으나 구조에 부족함이 있다	8
		재료를 모두 사용하였다	6
		재료가 부족하여 추가 지급되었다	4

③ 발표평가(10)

구 분	평가기준	
참여도	팀원간 역할분담이 우수하다	3
	팀원간 역할분담이 보통이다	2
	팀원간 역할분담이 미흡하다	1
표현정도	발표내용 전달이 우수하다	3
	발표내용 전달이 보통이다	2
	발표내용 전달이 미흡하다	1
발표자료준비	발표자료가 체계적으로 우수하게 준비되었다	4
	발표자료가 보통정도로 준비되었다	3
	발표자료가 다소 미흡하게 준비되었다	2
	발표자료가 부족하게 준비되었다	1

④ 제품기술보고서(10점)

구 분	평가기준	
보고서(5)	기술보고서 작성이 매우 우수하다	5
	기술보고서 작성이 보통이다	4
	기술보고서 작성이 부족하다	3
	기술보고서 작성이 매우 미흡하다	2
	기술보고서 제출하지 못했다	1
설계기록(5)	설계과정 기록이 매우 우수하다	5
	설계과정 기록이 우수 하다	4
	설계과정 기록이 보통 이다	3
	설계과정 기록이 미흡 하다	2
	설계과정 기록이 없다	1

⑤ 기타 경진대회(자제기술)(20점)

구 분	평가기준	
교수평가(15)	경진대회 성적 상위 10% 이상	15
	경진대회 성적 상위 11-30% 이상	13
	경진대회 성적 상위 31-50% 이상	11
	경진대회 성적 상위 51-70% 이상	9
	경진대회 성적 하위 30% 이하	7
동료평가(5)	경진대회 성적 상위 10% 이상	5
	경진대회 성적 상위 11-30% 이상	4
	경진대회 성적 상위 31-50% 이상	3
	경진대회 성적 상위 51-70% 이상	2
	경진대회 성적 하위 30% 이하	1

⑥ 개인평가(20)

구 분	항 목	기 준	점 수
이론	중간/기말	시험성적	0-20

(4) 기술결과물

<table>
<tr>
<td>제품설계</td>
<td>
※ 제작도면과의 비교, 완성도 등 제품 외형에 대해 기술

도면1. 제품1
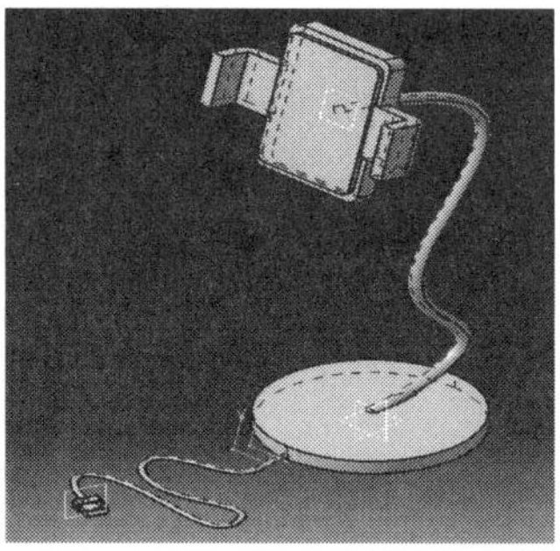
도면2. 제품2
제품1의 경우는 목베개와 거치대를 결합시킨 형태로 눕거나 앉은 상태에서 편하게 사용할 수 있음을 목적으로 제작하였으며, 제품2는 테이블에 올려놓을 수 있는 형태로 USB포트를 연결하여 PC나 기타 전자기기와의 결속 및 충전이 용이하도록 하였다.
</td>
</tr>
</table>

제품 내용	※ 용도, 특성 등 제품의 기능에 대해 기술 양 손이 자유롭지 못한 상태, 누워있는 상태 이 외의 스마트폰을 이용하기에는 움직임이 제한적인 상태에서 본 제품을 사용할 수 있다. 특히 장시간동안 누워서 스마트폰을 사용하는 경우 양 팔의 근육을 과도하게 사용하여 팔저림이나 근육통 등의 증상이 발생하는 것을 자주 경험할 수 있는데 이와 같은 부분을 개선하여 스마트폰을 보다 더 스마트하게 사용할 수 있는 것에 기여할 수 있다.
제작결과물	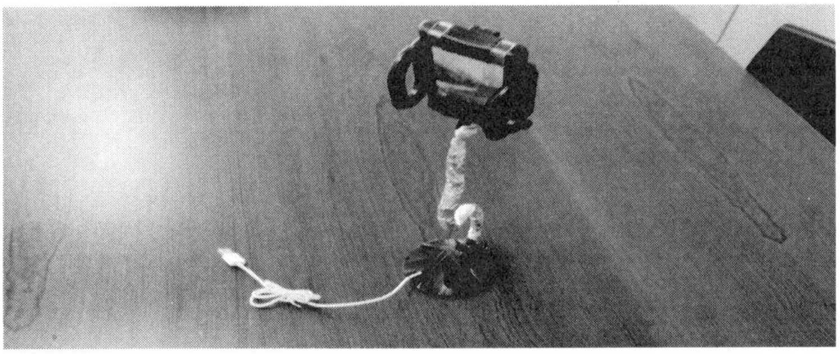

2. 헌혈보조기구 설계제작

(1) 기술개발제작 개요

시작품제작 사례

과제 : 헌혈보조기구 설계제작

본 교과목의 목적은 수강 학생들에게 창의적인 사고와 공학적인 이론을 접목시키는 것이 목적이며 학생들이 직접 개념설계, 해석, 공학설계, 제작, 시험까지의 과정을 거치게 한다.

1)과제명 결정

2) 보고서 작성방법

제1장 일반현황
① 개요
② 기술의 필요성
③ 국내외 기술현황

제2장 기술내용
① 제품개요
② 개발제품 내용
③ 개발제품설계

제3장 결과
① 개발 결과물
② 실험결과물내용(도면, 사진, 실험내용)

첨부
결과물

(2) 시작품 계획서

시제품 제작 계획서

■ 시제품 제작 세부내용

구 분	주 요 내 용
제작목표 및 필요성	헌혈 및 피검사를 위한 채혈을 하기 위해 피를 일시적으로 흐르지 못하도록 도와주는 고무줄을 팔에 묶어준다. 하지만 이것은 종종 풀리는 경우가 발생하여 불편함이 생기는데 이를 보완하여 불편함을 해소 하고자 하는 바이다.
용도 및 특성	사용처 - 헌혈센터 및 의료기관 사용방법 - 팔에 공기가 들어가게 되는 밴드를 감은 뒤 밴드 속에 공기를 채워서 팔을 압박시켜 피를 흐르지 못하게 한다. 용도 – 헌혈 및 피검사를 할 때 팔을 압박시켜 채혈을 용이하게 함
기대효과	평소 잘 풀리게 되는 고무줄을 압박 밴드로 교체하여 기존의 제품의 불편함을 해소하여 수혈자와 의료진이 기존보다 수월하게 채혈을 하도록 도와줄 수 있음.

■ 소요비용 산출

항 목	산 출 내 역(규격, 수량, 단가)	금 액
수동혈압계	70.000원 * 4개	240,000원
고무 팩	30,000원 * 2개	60,000원
기자재	50,000원	50,000원
기타	50,000원	50,000원
합 계		400,000원
※ 품명, 규격, 수량, 단가 등을 자세히 기재, 금형이나 몰드 제작은 제외		

(3) 평가방법

① 평가 반영 비율

	기술평가				개인평가 (20)	합계 (100)
	설계작품 기술성 (40)	제품 발표자세 (10)	제품기술 보고서 (10)	기타(대회 입상, 논문제출) (20)		
점수						

② 설계작품기술성(40점)

구 분	내 용	평가기준	
제품 기술성 (10)	문제해결과 기술성	우수기술과 성과가 기대 된다	10
		제품에 우수 기술이다	8
		제품기술이 보통이다	6
		제품기술이 미흡한편이다	4
제품 신뢰성 (10)	제품 견고함과 신뢰성	제품이 견고하고 신뢰성이 기대된다	10
		제품이 견고하지만 견고성이 다소 부족하다	8
		제품이 일반적이고 구조적으로 부족하다	6
		제품의 견고성이 많이 부족하다	4
제품 심미성 (10)	제품의 완성도 심미성	제품의 완성도가 아주 높다	10
		제품의 완성도가 우수 하다	8
		제품의 완성도가 보통 이다	6
		제품의 완성도가 미흡 하다	4
제품 경제성 (10)	제품품질의 경제성	재료사용을 최소화 하였다	10
		재료가 최소화되었으나 구조에 부족함이 있다	8
		재료를 모두 사용하였다	6
		재료가 부족하여 추가 지급되었다	4

③ 발표평가(10)

구 분	평가기준	
참여도	팀원간 역할분담이 우수하다	3
	팀원간 역할분담이 보통이다	2
	팀원간 역할분담이 미흡하다	1
표현정도	발표내용 전달이 우수하다	3
	발표내용 전달이 보통이다	2
	발표내용 전달이 미흡하다	1
발표자료준비	발표자료가 체계적으로 우수하게 준비되었다	4
	발표자료가 보통정도로 준비되었다	3
	발표자료가 다소 미흡하게 준비되었다	2
	발표자료가 부족하게 준비되었다	1

④ 제품기술보고서(10점)

구 분	평가기준	
보고서(5)	기술보고서 작성이 매우 우수하다	5
	기술보고서 작성이 보통이다	4
	기술보고서 작성이 부족하다	3
	기술보고서 작성이 매우 미흡하다	2
	기술보고서 제출하지 못했다	1
설계기록(5)	설계과정 기록이 매우 우수하다	5
	설계과정 기록이 우수 하다	4
	설계과정 기록이 보통 이다	3
	설계과정 기록이 미흡 하다	2
	설계과정 기록이 없다	1

⑤ 기타 경진대회(자제기술)(20점)

구 분	평가기준	
교수평가(15)	경진대회 성적 상위 10% 이상	15
	경진대회 성적 상위 11-30% 이상	13
	경진대회 성적 상위 31-50% 이상	11
	경진대회 성적 상위 51-70% 이상	9
	경진대회 성적 하위 30% 이하	7
동료평가(5)	경진대회 성적 상위 10% 이상	5
	경진대회 성적 상위 11-30% 이상	4
	경진대회 성적 상위 31-50% 이상	3
	경진대회 성적 상위 51-70% 이상	2
	경진대회 성적 하위 30% 이하	1

⑥ 개인평가(20)

구 분	항 목	기 준	점 수
이론	중간/기말	시험성적	0-20

(4) 기술결과물

시제품 결과물

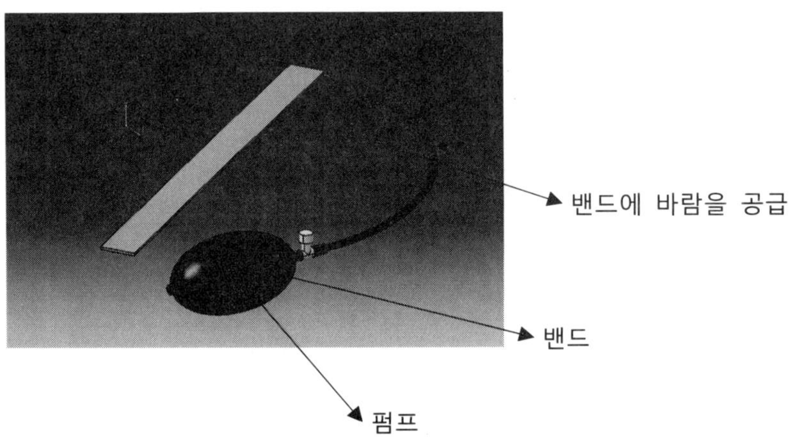

본 시제품은 바람으로 부풀어 오르는 밴드와 밴드에 바람을 공급해주는 펌프로 구성되어 있다.

제품 내용	헌혈 및 피검사를 위한 채혈을 하기 위해 피를 일시적으로 흐르지 못하도록 도와주는 고무줄을 팔에 묶어준다. 하지만 이것은 종종 풀리는 경우가 발생하여 불편함을 느끼는데 이것을 해소하고자 한다. 팔에 신속하게 밴드를 감은 뒤 펌프를 사용해서 밴드 안에 공기를 불어넣어 팔을 압박시켜 피를 흐르지 못하게 한다.
제작결과물	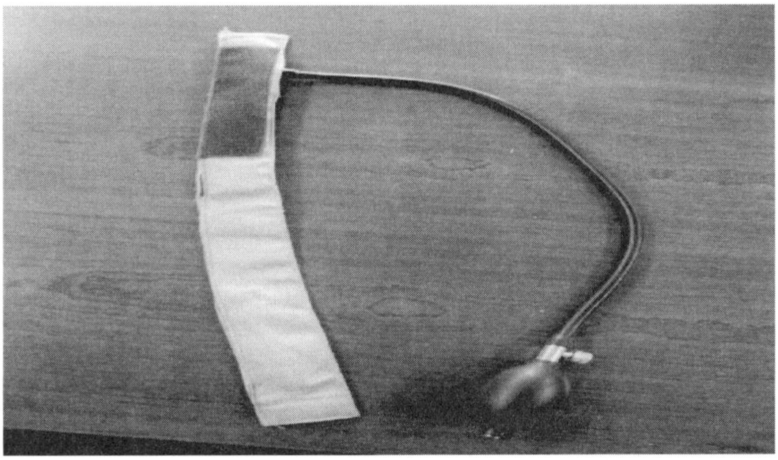

3. Fast 건조대 설계 제작

(1) 기술개발제작 개요

시작품제작 사례

과제 : Fast 건조대 설계 제작

본 교과목의 목적은 수강 학생들에게 창의적인 사고와 공학적인 이론을 접목시키는 것이 목적이며 학생들이 직접 개념설계, 해석, 공학설계, 제작, 시험까지의 과정을 거치게 한다.

1)과제명 결정

2) 보고서 작성방법

제1장 일반현황
① 개요
② 기술의 필요성
③ 국내외 기술현황

제2장 기술내용
① 제품개요
② 개발제품 내용
③ 개발제품설계

제3장 결과
① 개발 결과물
② 실험결과물내용(도면 , 사진, 실험내용)

첨부
결과물

(2) 시작품제작계획서

시제품 제작 계획서

■ 시제품 제작 세부내용

구 분	주 요 내 용
제작목표 및 필요성	기존의 건조대는 햇빛이 부족하거나 습한 날, 비 오는 날에는 널려진 세탁물이 더디게 마르게 되어 세탁물을 빠르게 회수하지 못하거나 냄새가 나게 되는 등의 문제점이 있었다.
용도 및 특성	본 팀은 시중에 나와 있는 건조대와는 다르게 풍향 기능을 추가하여 좀 더 기능적인 건조대를 제작함으로써 기존 건조대보다 더 빠른 시간에 세탁물의 건조를 가능하게 한다.
기대효과	기존 제품보다 건조시간을 단축하고 세균의 번식을 억제한다.

■ 소요비용 산출

항 목	산 출 내 역(규격, 수량, 단가)	금 액
건조대	44,800 * 1EA	44,800원
선풍기	45,000 * 2EA	90,000원
커튼	59,900 * 1EA	59,900원
합 계		194,700원
※ 품명, 규격, 수량, 단가 등을 자세히 기재, 금형이나 몰드 제작은 제외		

(3) 평가방법

① 평가 반영 비율

	기술평가				개인평가 (20)	합계 (100)
	설계작품 기술성 (40)	제품 발표자세 (10)	제품기술보고서 (10)	기타 (대회입상, 논문제출) (20)		
점수						

② 설계작품기술성(40점)

구 분	내 용	평가기준	
제품 기술성 (10)	문제해결과 기술성	우수기술과 성과가 기대 된다	10
		제품에 우수 기술이다	8
		제품기술이 보통이다	6
		제품기술이 미흡한편이다	4
제품 신뢰성 (10)	제품 견고함과 신뢰성	제품이 견고하고 신뢰성이 기대된다	10
		제품이 견고하지만 견고성이 다소부족하다	8
		제품이 일반적이고 구조적으로 부족하다	6
		제품의 견고성이 많이 부족하다	4
제품 심미성 (10)	제품의 완성도 심미성	제품의 완성도가 아주 높다	10
		제품의 완성도가 우수 하다	8
		제품의 완성도가 보통 이다	6
		제품의 완성도가 미흡 하다	4
제품 경제성 (10)	제품품질의 경제성	재료사용을 최소화 하였다	10
		재료가 최소화되었으나 구조에 부족함이 있다	8
		재료를 모두 사용하였다	6
		재료가 부족하여 추가 지급되었다	4

③ 발표평가(10)

구 분	평가기준	
참여도	팀원간 역할분담이 우수하다	3
	팀원간 역할분담이 보통이다	2
	팀원간 역할분담이 미흡하다	1
표현정도	발표내용 전달이 우수하다	3
	발표내용 전달이 보통이다	2
	발표내용 전달이 미흡하다	1
발표자료준비	발표자료가 체계적으로 우수하게 준비되었다	4
	발표자료가 보통정도로 준비되었다	3
	발표자료가 다소 미흡하게 준비되었다	2
	발표자료가 부족하게 준비되었다	1

④ 제품기술보고서(10점)

구 분	평가기준	
보고서(5)	기술보고서 작성이 매우 우수하다	5
	기술보고서 작성이 보통이다	4
	기술보고서 작성이 부족하다	3
	기술보고서 작성이 매우 미흡하다	2
	기술보고서 제출하지 못했다	1
설계기록(5)	설계과정 기록이 매우 우수하다	5
	설계과정 기록이 우수 하다	4
	설계과정 기록이 보통 이다	3
	설계과정 기록이 미흡 하다	2
	설계과정 기록이 없다	1

⑤ 기타 경진대회(자제기술)(20점)

구 분	평가기준	
교수평가(15)	경진대회 성적 상위 10% 이상	15
	경진대회 성적 상위 11-30% 이상	13
	경진대회 성적 상위 31-50% 이상	11
	경진대회 성적 상위 51-70% 이상	9
	경진대회 성적 하위 30% 이하	7
동료평가(5)	경진대회 성적 상위 10% 이상	5
	경진대회 성적 상위 11-30% 이상	4
	경진대회 성적 상위 31-50% 이상	3
	경진대회 성적 상위 51-70% 이상	2
	경진대회 성적 하위 30% 이하	1

⑥ 개인평가(20)

구 분	항 목	기 준	점 수
이론	중간/기말	시험성적	0-20

(4) 기술결과물

제품설계	기존에 건조대에 발열 및 건조 기능을 추가하여 빨래를 기존보다 빠르고 효율적으로 마르게 할수 있는 기능을 추가 본 팀은 시중에 나와 있는 건조대와는 다르게 풍향 기능을 추가하여 좀 더 기능적인 건조대를 제작함으로써 기존 건조대보다 더 빠른 시간에 세탁물의 건조를 가능.
제품 내용	씽씽건조대 는 비가오거나 날씨가 안좋아서 빨래가 잘마르지 않는날 건조대 및 2개의 합쳐진 선풍기를 이용하여 빨래를 보다 빠르게 마를 수 있도록 고안한 제품

<table>
<tr><td></td><td> 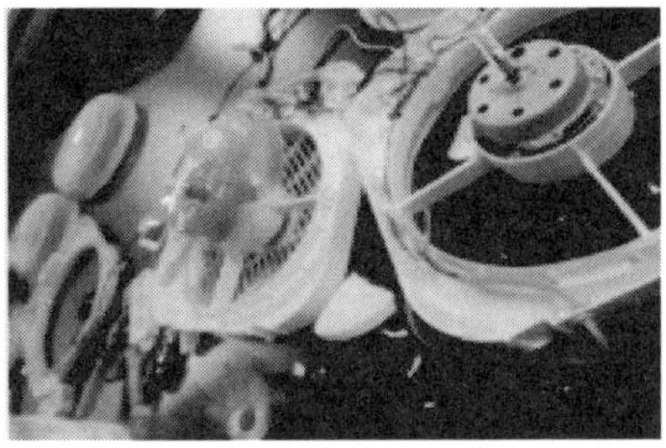</td></tr>
<tr><td>제작결과물</td><td></td></tr>
</table>

4. 호신용안전우산 설계 제작

(1) 기술개발제작 개요

시작품제작 사례

과제 : 호신용안전우산 설계 제작

본 교과목의 목적은 수강 학생들에게 창의적인 사고와 공학적인 이론을 접목시키는 것이 목적이며 학생들이 직접 개념설계, 해석, 공학설계, 제작, 시험까지의 과정을 거치게 한다.

1)과제명 결정

2) 보고서 작성방법

제1장 일반현황
① 개요
② 기술의 필요성
③ 국내외 기술현황

제2장 기술내용
① 제품개요
② 개발제품 내용
③ 개발제품설계

제3장 결과
① 개발 결과물
② 실험결과물내용(도면 , 사진, 실험내용)

첨부
결과물

(2) 시작품 제작계획서

■ 시작품 계획

시제품 제작 계획서

■ 시제품 제작 세부내용

구 분	주 요 내 용
제작목표 및 필요성	현재 날이 갈수록 범죄가 늘어가고 각종 치안문제가 발생하여 범죄로부터 노출될시 쉽게 상황을 벗어날 수 없기 때문에 그 상황으로부터 보호받고 또한 주변의 누군가 에게 도움을 받기위해 이 제품을 만들고자 한다.
용도 및 특성	기본적인 모형은 우산을 바탕으로 하여 범죄로부터 벗어나기 위하여 범죄자를 공격하기 위한 전기 충격기와 호신용 스프레이를 부착할 예정이며 우산상부에 사이렌과 같은 알림기능을 부착하여 범죄로부터 벗어나며 도움을 받을 수 있게 하며 시야확보가 안 되는 비오는 밤길에 시야 확보를 위한 LED전구를 장착하여 원활한 보행을 돕는다.
기대효과	일차적으로 범죄율이 감소 할 것으로 보인다. 그리고 혼자 보호할 수 없을 시 주변인의 도움으로 범죄의 노출되는 상황이 감소 할 것으로 보인다. 또한 시약확보를 통해 교통사고 및 안전사고를 예방할 수 있다.

■ 소요비용 산출

항 목	산 출 내 역(규격, 수량, 단가)	금 액
우산	2EA / 30,000원	60,000원
LED	250EA / 400원	100,000원
사이렌	2EA / 5,000원	10,000원
소형 전기 충격기	3EA / 15,000원	45,000원
호신용 스프레이	2EA / 5,000원	10,000원
기타(공구, 전선, 배터리)	-	175,000원
합 계		400,000원
※ 품명, 규격, 수량, 단가 등을 자세히 기재, 금형이나 몰드 제작은 제외		

(3) 평가방법

① 평가 반영 비율

	기술평가				개인평가 (20)	합계 (100)
	설계작품 기술성 (40)	제품 발표자세 (10)	제품기술보고서 (10)	기타(대회 입상,논문 제출) (20)		
점수						

② 설계작품기술성(40점)

구 분	내 용	평가기준	
제품 기술성 (10)	문제해결과 기술성	우수기술과 성과가 기대 된다	10
		제품에 우수 기술이다	8
		제품기술이 보통이다	6
		제품기술이 미흡한편이다	4
제품 신뢰성 (10)	제품 견고함과 신뢰성	제품이 견고하고 신뢰성이 기대된다	10
		제품이 견고하지만 견고성이 다소부족하다	8
		제품이 일반적이고 구조적으로 부족하다	6
		제품의 견고성이 많이 부족하다	4
제품 심미성 (10)	제품의 완성도 심미성	제품의 완성도가 아주 높다	10
		제품의 완성도가 우수 하다	8
		제품의 완성도가 보통 이다	6
		제품의 완성도가 미흡 하다	4
제품 경제성 (10)	제품품질의 경제성	재료사용을 최소화 하였다	10
		재료가 최소화되었으나 구조에 부족함이 있다	8
		재료를 모두 사용하였다	6
		재료가 부족하여 추가 지급되었다	4

③ 발표평가(10)

구 분	평가기준	
참여도	팀원간 역할분담이 우수하다	3
	팀원간 역할분담이 보통이다	2
	팀원간 역할분담이 미흡하다	1
표현정도	발표내용 전달이 우수하다	3
	발표내용 전달이 보통이다	2
	발표내용 전달이 미흡하다	1
발표자료준비	발표자료가 체계적으로 우수하게 준비되었다	4
	발표자료가 보통정도로 준비되었다	3
	발표자료가 다소 미흡하게 준비되었다	2
	발표자료가 부족하게 준비되었다	1

④ 제품기술보고서(10점)

구 분	평가기준	
보고서(5)	기술보고서 작성이 매우 우수하다	5
	기술보고서 작성이 보통이다	4
	기술보고서 작성이 부족하다	3
	기술보고서 작성이 매우 미흡하다	2
	기술보고서 제출하지 못했다	1
설계기록(5)	설계과정 기록이 매우 우수하다	5
	설계과정 기록이 우수 하다	4
	설계과정 기록이 보통 이다	3
	설계과정 기록이 미흡 하다	2
	설계과정 기록이 없다	1

⑤ 기타 경진대회(자제기술)(20점)

구 분	평가기준	
교수평가(15)	경진대회 성적 상위 10% 이상	15
	경진대회 성적 상위 11-30% 이상	13
	경진대회 성적 상위 31-50% 이상	11
	경진대회 성적 상위 51-70% 이상	9
	경진대회 성적 하위 30% 이하	7
동료평가(5)	경진대회 성적 상위 10% 이상	5
	경진대회 성적 상위 11-30% 이상	4
	경진대회 성적 상위 31-50% 이상	3
	경진대회 성적 상위 51-70% 이상	2
	경진대회 성적 하위 30% 이하	1

⑥ 개인평가(20)

구 분	항 목	기 준	점 수
이론	중간/기말	시험성적	0-20

(4) 기술결과물

제품설계	기본적인 모형은 우산을 바탕으로 하여 범죄로부터 벗어나기 위하여 범죄자를 공격하기 위한 전기 충격기와 호신용 스프레이를 부착할 예정이며 우산상부에 사이렌과 같은 알림기능을 부착하여 범죄로부터 벗어나며 도움을 받을 수 있게 하며 시야확보가 안 되는 비오는 밤길에 시야확보를 위한 LED전구를 장착하여 원활한 보행을 돕는다
제품 내용	범죄율이 감소 할 것으로 보인다. 그리고 혼자 보호할 수 없을 시 주변인의 도움으로 범죄의 노출되는 상황이 감소 할 것으로 보인다. 또한 시약확보를 통해 교통사고 및 안전사고를 예방
제작결과물	최근 성폭행 범죄가 늘어가고 각종 위험한 위기에 처해있을 때 호신용 안전우산으로 자신을 보호하고 어두운 밤길에 넓은 시야확보를 할 수 있도록 해주는 우산 [시작품 결과] 1) 시작품 제작물 2) 시작품 설계 자료제시

6.5 팀 과제 계획서 작성

1. 과제계획서 작성

(1) 연구목적

본 연구는 등산용 건강용 온 냉수겸 물통 설계하는 데 그 목적이 있다.

(2) 과제 선정 배경 (과제의 필요성 및 중요성 기술)

등산 및 야외 활동인구가 늘어날 것으로 전망된다. 따라서 야외활동장비의 활성화와 함께 휴대용 건강용 물병 의 시장이 확대될 것에 대비 본 연구를 수행하게 되었다.

(3) 국내외 시장동향

① 국내 시장동향

생산업체는 몇 개이고, 생산대수는 몇 개 이며, 단가는 어느 선으로서, 전체 시장규모는 00정도이다.

② 국외 시장동향

생산업체는 몇 개이고, 생산대수는 몇 개 이며, 단가는 어느 선으로서, 전체 시장규모는00정도이다.

(4) 개발동향 및 유사제품의 분석

① 개발동향

② 건강용 물병 이러저러한 방향으로 연구 개발이 진행 중이다. 차세대 물병은 이러한 점이 충족되어야 시장에서 우위를 점할 수 있다.

(5) 유사제품의 분석

형식을 자유롭게 하여 유사제품을 분석하고 제품의 장점과 단점으로 구분하여 장단점만을 파악하는 것도 좋은 방법이다.

(6) 기존제품과의 차이점

기존의 제품보다 열효율이 높고 환경 친화적 이며 휴대가 편리하다.

연료로는 시중에서 쉽게 구할 수 있는 부탄가스를 사용한다.

2. 과제계획서 계획안 양식

<table>
<tr><th colspan="5">과제계획서</th></tr>
<tr><td>과제명</td><td colspan="4"></td></tr>
<tr><td>참여조명</td><td colspan="4"></td></tr>
<tr><td>지도교수</td><td colspan="4"></td></tr>
<tr><td>참여연구원</td><td>이름</td><td>학번</td><td>전화번호</td><td>E-mail</td></tr>
<tr><td></td><td></td><td></td><td></td><td></td></tr>
<tr><td></td><td></td><td></td><td></td><td></td></tr>
<tr><td></td><td></td><td></td><td></td><td></td></tr>
<tr><td></td><td></td><td></td><td></td><td></td></tr>
<tr><td></td><td></td><td></td><td></td><td></td></tr>
<tr><td colspan="5">다음과 같은 내용으로 자료조사보고서를 제출합니다.

2013년 6월 16일

참여연구원: 이름</td></tr>
</table>

3. 제품개발양식

제품명		제품설명
제작회사		
크기		
중량		
기타		
제작회사		
크기		
중량		
기타		

■ 개발 비용

개발비용(설계, 제작, 마케팅 비용 등을 전반적으로 고려)을 표로 만들고 항목을 구체적으로 구분하여 예상되는 금액을 기입할 것.

6.6 과제 발표자료 작성 사례

조명을
이용한
사인 개발

---

contents

개발의 필요성

개발 목표

추진계획

- 수행기관 역할
- 개발 추진 체계
- 개발 업무분장

기술 개발 내용

- 기존 제품 시스템
- 개발 후 제품 시스템
- 기존제품과 개발제품 구조 비교

기술개발 효과

- 생산 효과
- 파급 효과

개발의 필요성

현황

• 현재 일본(다소사), 미국(비지로사)등에서 선진화된 광사인을 국내에 도입하였으나, 국내 시장 상황은 기술력, 홍보 등의 부족으로 인하여 제품 퀄리티가 저하

개발의 필요성

• 제품에 대한 제작 단가가 높아서 이를 극복하고자 기술개방에 힘써 전문인력양성 및 제품 퀄러티를 높이고 단가를 낮추는 등의 노력과 국내 및 국제적 경쟁력을 위하여 고품질 제품의 시장 개척이 필요한 실정이다.

개발 목표

개발목표 : 광원를 이용한 사인 개발

국내 사인 시장의 수준을 한 단계 상승시킴으로써 난립한 국내 간판,사인 문화에 깨끗한 이미지, 정돈된 이미지, 친환경적인 사인으로 거듭나 세계시장에서 국내 제품을 개척하는 것이 목표

개발 추진 체계

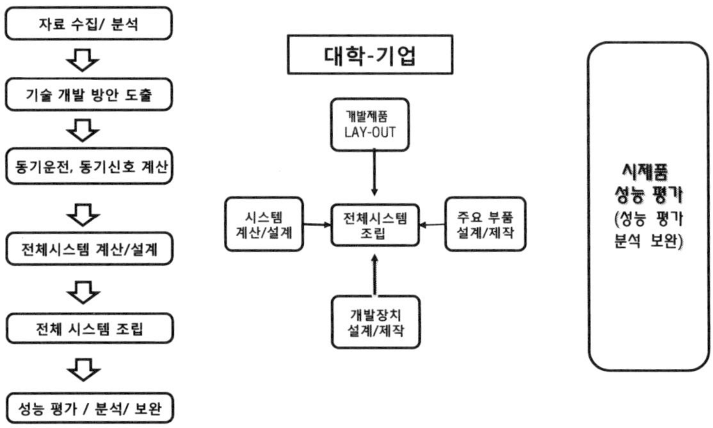

가공 기술 현황

본사의 CNC 설비를 통한 가공기술현황

현재 사용하고 있는 설비로는 일반 단순가공만 가능하며, 곡면가공 및 정밀도에 어려움이 있음
Plexiglass 가공시 발생되는 조각들과 분진들로 인해 작업능률이 매우 좋지 못하며,
열악한 근무환경과 노동강도로 인하여 숙련된 기술자의 이직율 또한 높은편임.

설비 현황 및 문제점

설비현황 및 문제점

CNC 설비개발 효과 및 목표

한개의 컷팅날로 인한 과부하 및
날교환 시 일부 오차 발생

가공시 발생되는 플렉시글라스
조각들로 인해 생산성 하락 및
수작업 증가 -〉 가공단가상승

가공 정밀도가 좋지 못함
〉후가공 공정발생

열악한 근무환경으로 인해
숙련자의 이탈발생

기술개발을 통한
CNC
기능개선

설비개발을 통한 컷팅날 자동교환 방식과
24,000으로 회전수를 향상시켜
가공 정밀도 및 품질향상
〉가격 경쟁력 확보

CNC 가동시 나오는 조각들도 함께 처리
될 수 있도록 자동흡착 시스템을 개발하여
열악한 근무환경 개선
〉크린 사업장 구축

가공 분진 제거 장치 개발

기술개발방안 도출

- 문제점 분석
- 불량 최소화 – 가공 불량발생 해결

가공분진제거 장치 기구설계(안)- 최적설계

-2-D 3-D (pro- e, solid works)
- 분진흡입장치방식 – 분진제거장치개발
-클린시스템방식구축 – 고정, 이동방식

가공분진제거장치 시작품 제작 - 국제경쟁력확보

시스템 내용

시스템 개발

플렉시 글라스의 형상 디자인 설계 방안

- 디자인 설계 고려 방안
- 플렉시 글라스 디자인 설계 방안
- 장치 설계 방안

신개념 개선공정 설계

- 업체에서 요구한 신 공정 설계
- 신 개념 제조 공정 개선

디자인 개발 및 제조 공정 개발

- 새로운 디자인 개발 완성
- 플렉시 글라스를 이용하여 CNC제조 가공 완성
- 시작품 제작 완료

기술 개발 효과 – 기술.경제적

구분	내용
기술적 측면	• **플렉시글라스** 제품 개발로 기술력 축적 • 대량생산이 가능하고 노동 강도 해소
경제적 산업 측면	• 신제품개발로 인한 시장변화,확대 • 생산성 향상과 매출 증대 • 수입품 대체 효과
활용방안 (사업화 방안)	• 본 시스템을 개발하여 국내에 공급 • 생산성 향상과 수입 대체 효과 기대 • 기술 경쟁력 및 우수한 가격 경쟁력 확보 • 최근 진출이 높아진 중국시장 배제

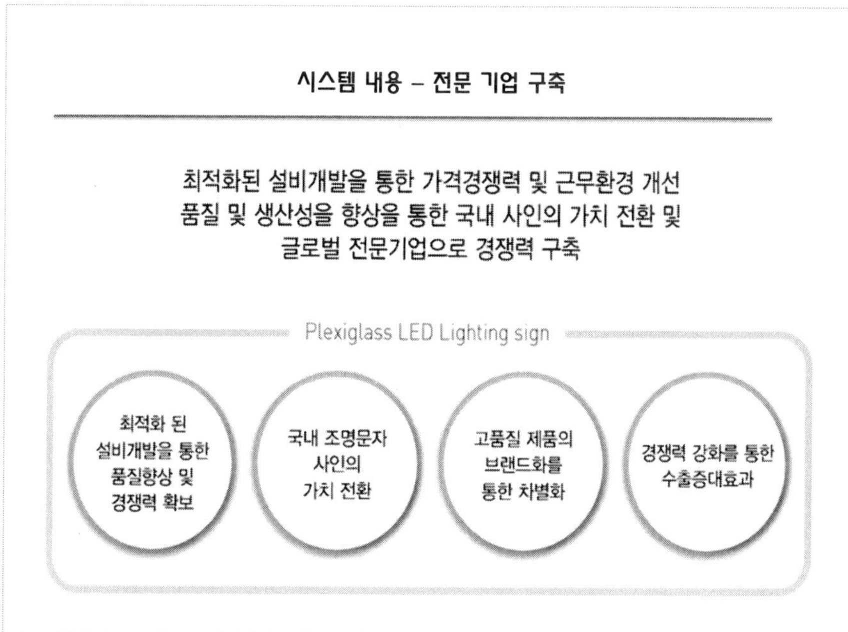
시스템 내용 – 전문 기업 구축
최적화된 설비개발을 통한 가격경쟁력 및 근무환경 개선
품질 및 생산성을 향상을 통한 국내 사인의 가치 전환 및
글로벌 전문기업으로 경쟁력 구축
Plexiglass LED Lighting sign
최적화 된 설비개발을 통한 품질향상 및 경쟁력 확보
국내 조명문자 사인의 가치 전환
고품질 제품의 브랜드화를 통한 차별화
경쟁력 강화를 통한 수출증대효과

Reference

1. Copyright 1999 by Institute of Information Technology Assessment
2. P.O.Box 76, Yusong, Taejon, 305-600, KOREA [출처] 기술개발지원사업 수행 계획서 작성법

7장 자료조사 및 특허

7.1 자료조사 개요

필요한 자료나 정보는 조사자가 직접 수집하고 가공하거나 다른 사람이나 기관에서 만들어 놓은 자료를 찾아서 이용할 수도 있다. 자료나 정보를 조사자가 직접 만들지 않고 쉽게 얻을 수 있다면 그렇게 하는 것이 시간, 비용, 노력을 줄일 수 있을 것이다.

조사자는 조사의 목적을 달성하기 위하여 분석에 필요한 자료를 수집해야 한다. 자료는 조사자가 조사문제의 해결을 위해 직접 수집하는 1차 자료와 다른 사람이나 기관에서 수집하여 공개적으로 이용할 수 있는 2차 자료로 구별된다. 연구자가 현재 수행중인 조사연구의 목적을 달성하기 위해 직접 수집하는 자료이다. 철저한 조사 설계를 통해 연구자는 사전 준비를 철저히 하여야 한다. 2차 자료는 다른 조사자에 의해 수집되어 공개된 자료를 말한다. 수행중인 조사목적에 도움을 줄 수 있는 기존의 모든 자료로 조사자가 현재의 조사목적을 위하여 직접 자료를 수집하거나 작성한 1차 자료를 제외한 모든 자료를 말하며, 다른 연구자가 학술연구를 위하여 수집한 자료, 기업체, 정부기관, 신문기사, 그리고 각종 조사기관의 간행물에 이르기까지 다양하다.

(1) 장점

① 조사목적에 적합한 정확도, 타당도, 신뢰도 등의 평가 가능

② 수집된 자료를 의사결정에 필요한 시기에 적절히 이용 가능

(2) 단점

많은 비용, 인력, 시간이 많이 소요되므로 1차 자료를 수집하기 전에 조사 목적에 적합한 2차 자료의 존재 및 사용가능성을 확인하고 조사목적에 부합하는 2차 자료가 없는 경우에 한해 1차 자료를 수집하는 것이 경제적이다.

(3) 2차 자료조사의 필요성

존재하는 자료이므로 수집에 따른 시간에 비용의 경제성이 높으며 일반기업이 사적으로 수집할 수 없는 자료를 쉽게 얻을 수 있으며 공공자료의 경우 신뢰성이나 타당성 또는 자료수집의 방법 등을 재차 분석하여 연구결과를 일반화할 수 있다. 또한 비교연구를 하고자 할 경우에도 2차 자료조사를 해야 할 필요성이 크다.

7.2 지식 재산과 특허 검색

우리나라의 잘나가는 벤처중소기업들은 모두 제록스처럼 아이디어 개발을 통해 획득한 산업재산권이 가장 큰 재산이다. 세계 유명 벤처중소기업 중에는 산업재산권의 가치가 전 재산의 80 ~ 90%에 이르는 경우도 있다. 이제 이런 벤처중소기업들만이 살아남는 시대가 열리고 있는 것이다. 한 개의 제품이라도 보다 싸게 만들고, 같은 제품이라도 개량하고 또 개량한다는 것은 매우 중요한 일이다. 같은 형, 같은 기능, 같은 색깔의 것에 몇 년씩 매달린다면 대중의 관심도 차츰 떨어진다는 것은 누구나 아는 사실이다. 현대인들은 분야와 품목에 따라 약간의 차이가 있기는 하지만 1~2년이면 싫증을 느낀다고 한다. 따라서 벤처중소기업은 산업재산권 확보를 위한 아이디어 개발을 위해 이 분야의 과감한 투자와 노력을 아끼지 말아야 한다.

아울러 아직도 사내에 제안과 직무발명제도를 도입하지 않았다면 서둘러 도입하여야 한다. 제안과 직무발명제도는 아이디어의 보고이자 황금 알을 낳는 거위로 알려져 있다. 최근 기술이 고도화 되고, 기술개발이 다각적으로 융합화 되는 추세에 따라 개발되는 기술의 대부분이 사원들의 직무발명이며, 특히 원천 특허기술은 기업, 연구소 대학 등의 직무발명에 의해 이루어지고 있다. 우리나라 특허출원 중 직무발명이 80% 이상을 차지하고 있는 현실은 직무와 관련한 발명이 활성화 되고 있다는 증거이며, 또한 직무발명자의 역할이 무엇보다도 중요하다는 사실을 반증하는 것이기도 하다.

벤처중소기업 경쟁의 특징은 신기술을 획득하는 경쟁과 그 기술을 활용하는 경쟁으로 나눌 수 있다. 그런데 특허제도는 최초로 신기술을 개발한 자에게만 독점권을 주어 특허권의 독점적 활용을 인정하기 때문에 타사의 특허권에 대한 대책을 수립하지 않으면 안 된다. 우리나라에서 생산되는 제품들이 가격과 품질에서 우수한 경쟁력을 가지고 있음에도 불구하고 미국, 유럽, 일본 등 선진국 시장에서 제값을 받지 못하는 이유는 우리의 기업 브랜드와 국가 브랜드에 프리미엄 가치를 지닌 명품 브랜드가 없기 때문이다.

- 특허검색 방법
  한국과학기술정보연구원(KISTI, http://www.kisti.re.kr)에서 제공하는 각국의 특허정보데이터베이스를 활용

7.3 선행기술 조사

(1) 특허분석
(2) 특허출원 동향
(3) 선행 특허 조사 분석
(제품과 가장 유사한 선행 특허 2개에 대하여 아래와 같이 각각 한 장씩 작성)

■ 선행
특허

국가	등록번호	등록일	출원인	발명명칭	관련쪽/줄도면

설계 순서	설계내용
문제의 영역 정립	고객요구
문제의 정의	설계사양
개념설계의 고안	실용성 brainstorming, 특허문헌 검색
개념설계의 분석 및 평가	비용과 성능 평가
제품설계의 개발	CAD/CAM 등 이용 개발

(10줄 내외로 기술)

■ 본 제품의 주요기술과의 차이점 기술

명세서 구성요건	선행특허	본 발명	차이점요약

7.4 논문분석

■ 앞의 특허와 유사한 방식으로 논문에 대하여 기술.

① 연구 논문 동향

■ 앞의 특허와 유사한 방식으로 논문에 대하여 기술.

② 선행 논문 조사 분석

(제품과 가장 유사한 선행 논문 2개에 대하여 아래와 같이 각각 한 장씩 작성)

■ 선행논문(1)

게제지	권/호	pp	발표연월일	저자	제목	관련 쪽/줄 및 그림

■ 선행논문의 내용요약
(10줄 내외로 기술)
■ 선행논문과 본 제품의 주요기술과의 차이점 기술

명세서구성요건	선행논문	본 발명	차이점요약
목적			
구성 및 작용			
효과			

7.5 종합검토

(1) 선행기술 및 제안한 제품에 대한 검토
(위의 기술 방법을 참고하여 기술할 것)
(2) 본 과제수행에 있어서의 기대 효과
① 기술적 기대효과
(위의 기술 방법을 참고하여 기술할 것)
② 경제적 기대효과
(위의 기술 방법을 참고하여 기술할 것)

7.6 특허를 받기 위한 절차

<table>
<tr><th colspan="5">선 행 기 술 조 사 서</th></tr>
<tr><td colspan="2">접수일자</td><td>2014. 2. 2</td><td>보고일자</td><td>2014-4-4</td></tr>
<tr><td colspan="2">의뢰업체</td><td colspan="3"></td></tr>
<tr><td colspan="2">출 원 인</td><td colspan="3"></td></tr>
<tr><td colspan="2">발명명칭</td><td colspan="3"></td></tr>
<tr><td colspan="2">조사기간</td><td colspan="3"></td></tr>
<tr><td colspan="2">조사 DB</td><td colspan="3"></td></tr>
<tr><td colspan="2">기술요지</td><td colspan="3"></td></tr>
<tr><td colspan="2">조사관점</td><td colspan="3"></td></tr>
<tr><td>조사방법</td><td>검색식 (국문/영문/일문)</td><td colspan="3"></td></tr>
</table>

<table>
<tr><th colspan="5">자 료 조 사 보 고 서</th></tr>
<tr><td>과제명</td><td colspan="4"></td></tr>
<tr><td>조번호</td><td colspan="4"></td></tr>
<tr><td>지도교수</td><td colspan="4"></td></tr>
<tr><td>참여연구원</td><td>이름</td><td>학번</td><td>전화번호</td><td>E-mail</td></tr>
<tr><td></td><td></td><td></td><td></td><td></td></tr>
<tr><td></td><td></td><td></td><td></td><td></td></tr>
<tr><td></td><td></td><td></td><td></td><td></td></tr>
<tr><td></td><td></td><td></td><td></td><td></td></tr>
<tr><td></td><td></td><td></td><td></td><td></td></tr>
<tr><td colspan="5">다음과 같은 내용으로 자료조사보고서를 제출합니다.

2013년 6월 16일

참여연구원: 이름</td></tr>
</table>

<table>
<tr><th colspan="4">인용문헌</th></tr>
<tr><td>문헌번호</td><td>20-2000-0032940
(2000.11.24)</td><td>관련도(본문대비)</td><td>A</td></tr>
<tr><td>발명명칭</td><td>스프레이 건</td><td>출원인</td><td>손종헌</td></tr>
<tr><td colspan="2">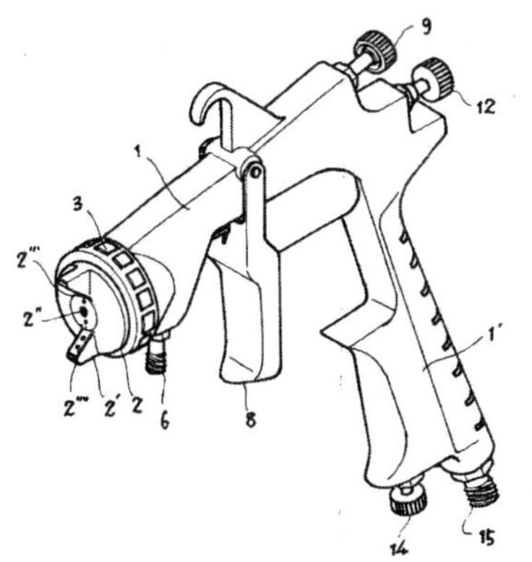</td><td colspan="2">■ 등록상태 :등록실용신안20-0222261(2001.02.19)
■ 특허개요
항공기나 차량등의 페인트 작업시에 사용 분무시 에어(air)가 지속적으로 일정하게 공급되게 하였다. 그리고 니들핀(5)도 하나의 일체형으로하여 진직도 및 원통도를 향상

<유사점>
없음.

<회피전략>
1. 스프링을 사용하여 와류발생
2. 에어리스 스프레이 건</td></tr>
</table>

<table>
<tr><th colspan="4">인용문헌</th></tr>
<tr><td>문헌번호</td><td>10-2006-7005497
(2003.10.29)</td><td>관련도(본문대비)</td><td>A</td></tr>
<tr><td>발명명칭</td><td>스프레이 건</td><td>출원인</td><td>카코오조오키 가부시키가이샤(일본)</td></tr>
<tr><td colspan="2">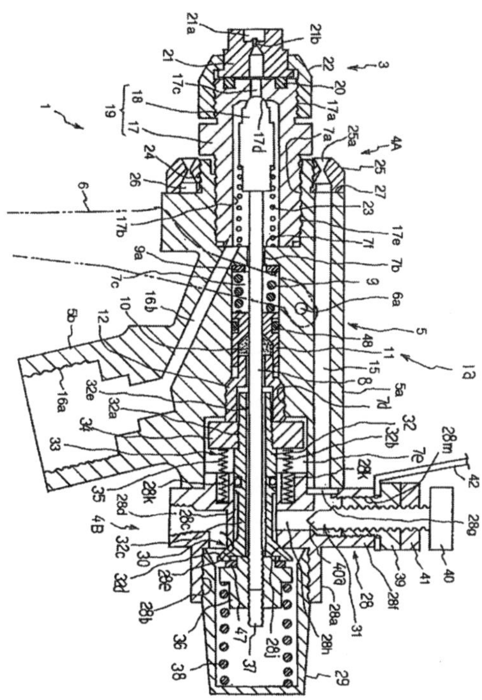</td><td colspan="2">■ 등록상태: 등록특허(10-0732950(2007.06.21))
■ 특허개요
조작부재의 조작에 의해 본체 프레임에 설치된 도료 분사부로부터 도료가 분무형상으로 분사되는 스프레이 건

<유사점>
없음

<회피전략>
없음 : 와류형성에 대한 기술이 없음
선단팁의 내마모성에 대한 언급 없음</td></tr>
</table>

Reference

1. 액션런링 수업하기, 장경원, 고수일, 학지사
2. 창의적 문제해결,김영채,교육과학사
3. 발명특허의 과학, 김억철, 현실과 미래사
4. 공학설계입문, 이용재외 7인
5. 업무절차서, 한라중공업
6. 공학문제해결의 길라잡이 창의공학,도서출판 인터비전
7. 공학문제 해결입문, 이 경우 외 4인, 시그마프레스
8. 제조공정설계, 이주성, 한티미디어
9. 잠자는 생각을 깨우는 차의적 공학설계 김대석외 2 인 GS인터비전
10. 창의공학 설계입문, 홍현필외2인, GS인터비전
11. 산학협동 수업자료, 강원대
12. 재료과학의 이해와 응용, 박원구외4인, mcgrawhill
13. 기계공작법 , 이종찬외 5인, 문운당
14. 기초설계 수업자료, 강릉원주대
15. 제품개발계획, 한라중공업 중장비 연구소
16. http://nsmlab.sogang.ac.kr/COURSEWORK/machin/machinedata
17. http://www.dsenpla.com/tech/tech-07-2.htm
18. http://tester.metalnetchina.com/tech/hardness_data.html
19. http://www.ktl.re.kr/download_file/gigye.hwp
20. http://www.metalkorea.biz/catalog/hardnessCatalog.hwp
21. http://www.dycnt.co.kr/ze1.hwp
22. http://www.chemwide.co.kr/techinfo/02properties_theory/07pmma/502-3.html
23. http://daihanscience.koreasme.com/viewproduct_1011_k.html
24. Arnold, John E., "Useful Creative Techniques", A Source book for Creative Thinking, ed. By Parnes & harding, Scribners.
25. Mcpherson, J. H., STIMULATION CREATIVE THINKING, Stanford Research I nstitute.
26. Gregory, Carl E., The Management of Intelligence: Scientific Problem Solving and Creativity, McGRAW HILL.
27. Allen, Myron S., Morphological Creativity, Prentice-Hall.
28. Allen, Myron S., Psycho-Dynamic Synthesis: The Key to Total Mind Power, Parker Publishing.

29. Parnes, Sidney J. & Harding, Harold F., A Source Book for Creative Thinkin g, Scribners.
30. Arnold, John E., "Useful Creative Techniques", A Source book for Creative Thinking, ed. By Parnes & harding, Scribners.
31. Mcpherson, J. H., STIMULATION CREATIVE THINKING, Stanford Research I nstitute.
32. Gregory, Carl E., The Management of Intelligence: Scientific Problem Solving and Creativity, McGRAW HILL.
33. Allen, Myron S., Morphological Creativity, Prentice-Hall.

부 록

1. 재료 기술자료

	인장시험
기술자료	- 응력 $\sigma=\frac{P}{A_0}$ (실응력 $\sigma=\frac{P}{A}$), 표점거리 $L_0=4\sqrt{A_0}$ - 변형률 $\epsilon=\frac{\Delta L}{L}$, $\sigma=E\epsilon$ (탄성계수 : E) - 인장강도 $\sigma_u=\frac{P_{\max}}{A_0}$ - 파괴강도 $\sigma_f=\frac{P_f}{A_0}$ - 파단변형률(연신율) $\epsilon_f=\frac{L-L_0}{L_0}\times 100$ - 단면수축율 $=\frac{A_0-A}{A_0}\times 100$ - 연성 : 재료의 시험편이 부하하중에 의해 파괴될 때의 연신율 또는 단면 수축률 - 인성 : 재료이 시험편이 파단될 때까지 재료가 에너지를 흡수할 수 있는 능력

	경도시험
기술자료	- 로크웰 경도 : 시험하중과 처음하중의 깊이차 B 스케일 : 1.588 mm(1/16") 강구, 시험하중 100 kg_f C 스케일 : 120° 원뿔 다이아몬드, 시험하중 150 kg_f HRB = 130 – 500 h HRC = 100 – 500 h 측정방법이 간단하여 널리 이용(속도, 시간, 모양오차 및 지시계의 오차 영향에 유의)

	재료시험
기술자료	- 피로 : 피로강도, 피로균열 진전속도 등 피로특성시험 반복 굽힘, 반복 인장/압축, 반복 비틀림, 조합응력피로 피로한도 : 재료가 영구히 파괴되지 않는 한계응력 (Al합금처럼 피로한도가 나타나지 않는 경우 $10^6 \sim 10^7$ 회를 피로한도로 정함) S-N 곡선 : 응력-반복회수 그래프 - 크리프 : 고온에서 시간과 변형률관계 - 마멸시험 : 내마멸성 - 에릭센 실험 : 디프드로잉 성질 - 암슬러 만능재료시험기 : 인장, 압축, 전단, 굽힘

	조직검사
기술자료	열처리, 가공 및 기타 처리에 의한 금속조직 변화 (고온 결정립성장, 고온 상변화, 고온 소성변화 및 파단) 금속조직과 기타 처리에 의한 금속조직의 변화 (금속용해, 응고, 과냉도, 수지상정) 금속조직과 기계적 성질과의 관계 비금속재료(세라믹,고분자재료,복합재료) 미세구조 균열의 형성과 성장거동, 파단면 모양

	비파괴 검사
기술자료	타진, 방사선, 초음파, 음향방출(AE), 침투탐상, 자분탐상 - 방사선 탐상 : X선, 감마선 - 초음파 탐상 : 직접접촉, 수침, 비접촉(매질없음),영상법 - 침투 탐상 : 표면세척 -> 침투제 -> 현상제(MgO, $BaCO^3$)

	콘크리트
특 성	- 시멘트 + 모래 + 자갈 + 물(70%가 골재) - 비중 2.3, 무게 2300~2500 kg_f - 압축강도(10~40 MPa, 100~400 kg_f/cm^2), 보통 15~25 MPa - 인장강도(압축강도의 10%), 굽힘강도(15~20%) - 양생온도 15~35℃, 양생기간 28일, 수축 0.5 mm/m

	석 재
특 성	- 기초재료로 가장 많이 사용 - 내구력 우수, 성형성 곤란 - 대표적 : 화강암(내구력 우수, 내화성 취약) - 인장강도가 압축강도의 1/10 ~ 1/20

	합금원소의 영향
Ni	담금질성, 인성, 내식성, 내산성, 인장강도 향상, 저온충격, 고가
Cr	내식성, 내열성, 자경성, 내마멸성(탄화물생성)
Mn	탈산, 적열취성방지, 내마멸, 담금질성(가장우수)
Mo	크리프강도(가장우수), 담금질성, 내식성, 열처리성 향상
W	경도증가, 내열성, 고온강도, 내마멸
Si	탈산, 경도, 탄성한도 향상, 1.75% 이상시 연성저하,

	표면경화용 강
침탄용강	저탄소강, 저탄소합금강, 열처리성개선, 결정립성장 방지,
질화용강	변형이작고, 모재 결정립성장이 없음, 경도우수, 내마멸, 내식성
고주파경화용강	탄소강(경도), 저합금강(인성, 강도)

	접착재재료
동물성 단백질	아교, 카세인
식물성 단백질	콩, 밀
광물성 피지	탄수화물, 석회석, 점토, 시멘트
천연고분자 물질	아스팔트의 석유제품

	보온재
내화물	내화도 SK 26(1580℃) 이상
내화 단열재	단열효과, 내화도, 1300℃ 이상
단열재	850 ~ 1200℃
보온재	유기질(200~800℃), 무기질(300~800℃)
보냉재	100℃ 이하

	플라스틱
폴리에틸렌 (PE)	- 유연성, 고주파 절연성, 전기절연성, 내수성, 방습성, 내한성우수 - 사출성형, 전선피복, 내장/코팅, 탱크
폴리프로필렌 (PP)	- 필라멘트, 스테이플 섬유로 만들어 방직섬유, 카펫, 로프로 사용 - 자동차부품 등의 사출 성형
폴리염화비닐 (PVC)	- 원료 : 석회석, 석탄, 소금 - 내산, 내알칼리, 저 마찰계수, 열에 약함
폴리스틸렌 (PS)	- 투명, 내수성, 사출성, 절연성, 광학적 성질 우수, 착색가능 - 장식용, 광학제품, 조명신호, 계량기판
아크릴	- 무색, 투명, 광학유리로 가공가능 - 밀도 0.18 g/cm^3, 보안경, 방탄, 위생용품
초산비닐	- 아세틸렌가스 + 초산 - 도료, 접착제, 껌

	합성고무
실리콘 고무	- 내열, 내한성, 내수성, 전기절연성 - 개스킷, 실, 도관내열재, 전기절연재
천연고무	- 유액(고무나무 액체 라텍스, 생고무) + 황
우레탄 고무	- 내마멸성, 경도, 탄성, 내유성, 내용매성 - 타이어표면, 공업용 바퀴
플루오르 고무	- 내열성, 내약품성 - 오일실, 개스킷

	유리의 특성
나트륨유리 (연질유리)	- 옅은 푸른색, 자외선 흡수 - 창유리, 판유리, 병유리
칼륨유리 (크라운유리)	- 경질, 무색, 내구성, 내약품성 - 실험기구, 장식, 광학렌즈
납유리 (플린트유리)	- 연질, 비중/굴절율크다, 방사선 흡수 - 렌즈, 브라운관, X선차단장치
석영유리	- 열에 가장 잘 견딤, 내산, 자외선투과 - 연소관, 수은등 판, 분광기, 도가니, 광섬유

2. 사례

<table>
<tr><th colspan="2">제품시작품 제작 사례(1)</th></tr>
<tr><td>① 제품설계</td><td>1. 설계도
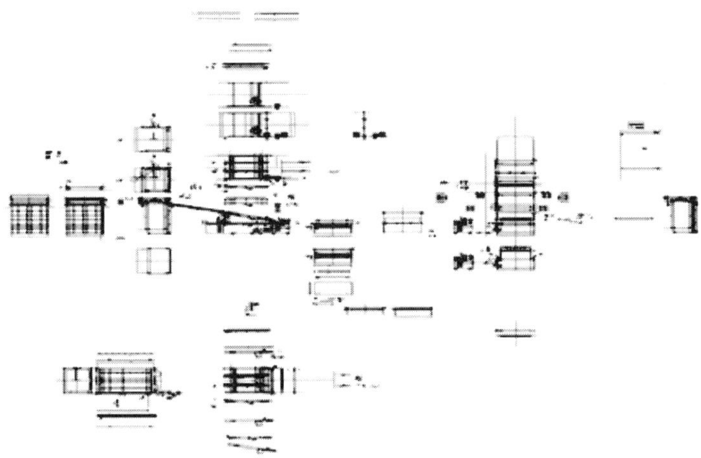</td></tr>
<tr><td>② 로라
제작과정</td><td>2. 제작 과정
1) 시작품제작
① 로라 제작

② 기어 가공
</td></tr>
</table>

제품시작품 제작 사례(2)	
③ 보조장치	3. 시작품 제작 과정    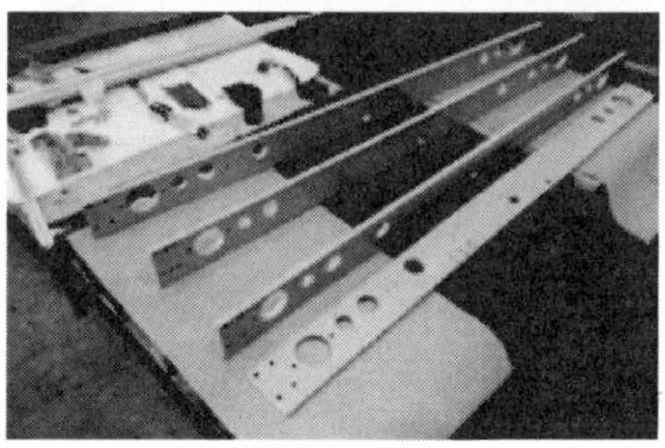 
④ 동력전달 시작품	4. 시작품 제작 과정 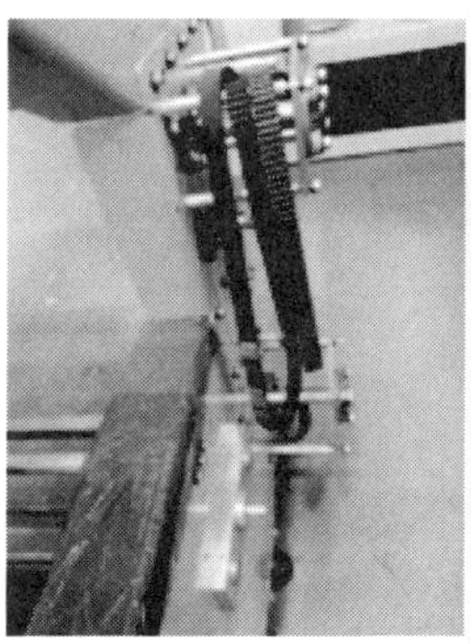    

<table>
<tr><th colspan="2">제품시작품 설계 사례(1)</th></tr>
<tr><td>① 어셈블리</td><td>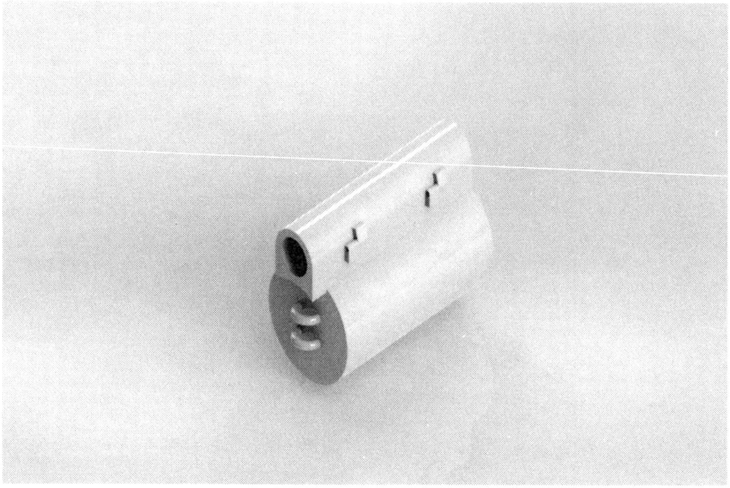
[제품설계도 3-D]</td></tr>
<tr><td>② 어셈블리
분리인설계</td><td>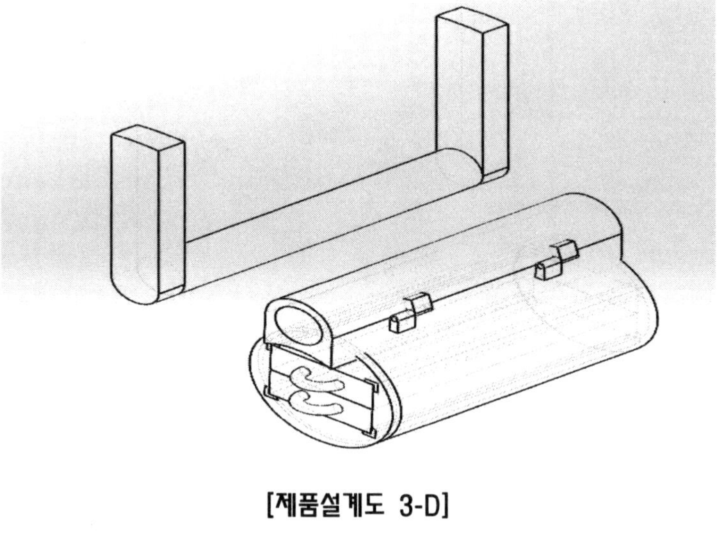
[제품설계도 3-D]</td></tr>
</table>

제품시작품 설계 사례(2)	
① 어셈블리	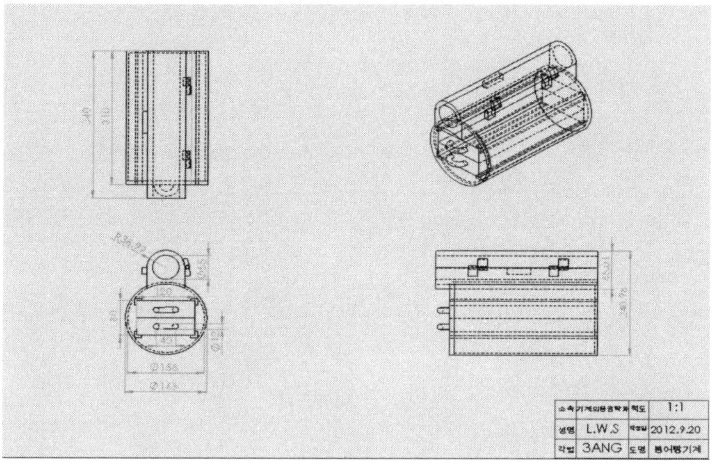 [제품설계도 3-D]
② 기구설계 및 디자인설계	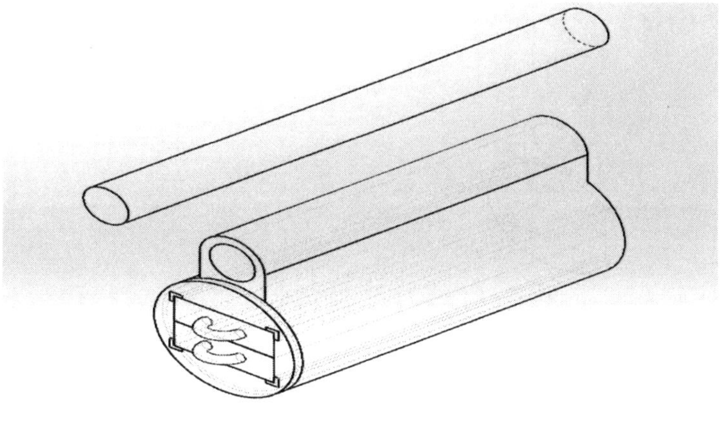 [제품설계도 3-D]

<table>
<tr><th colspan="2">제품시작품 설계 사례(3)</th></tr>
<tr><td>① 어셈블리2D</td><td>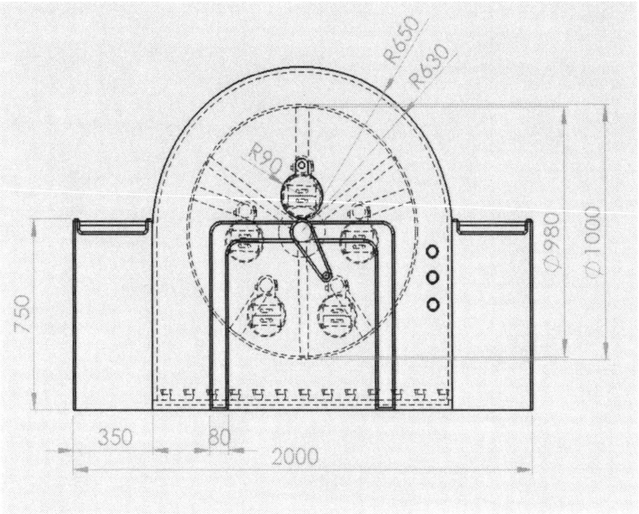

[제품설계도 3-D]</td></tr>
<tr><td>② 제품설계</td><td>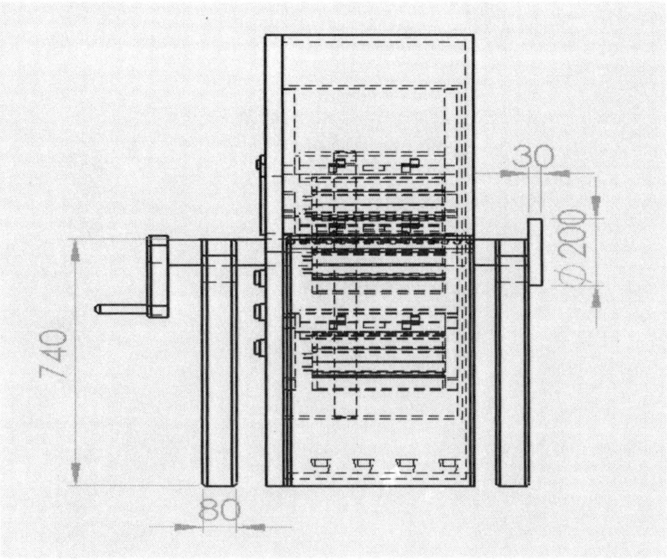

[제품설계도 3-D]</td></tr>
</table>

제품시작품 설계 사례(4)	
③ 어셈블리	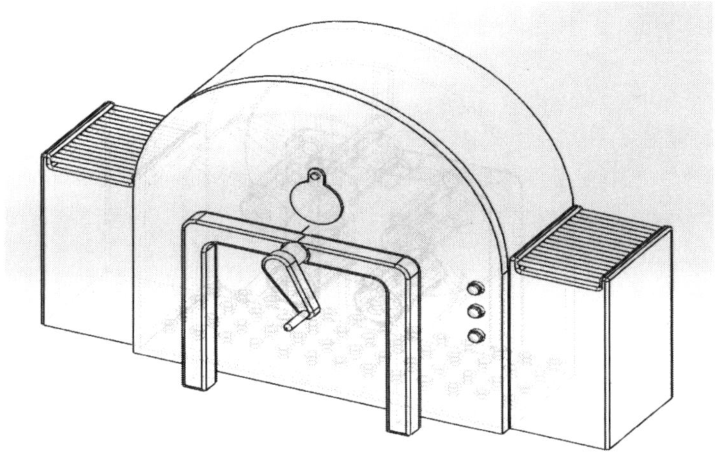 [제품설계도 3-D]
④ 기구설계 및 디자인설계	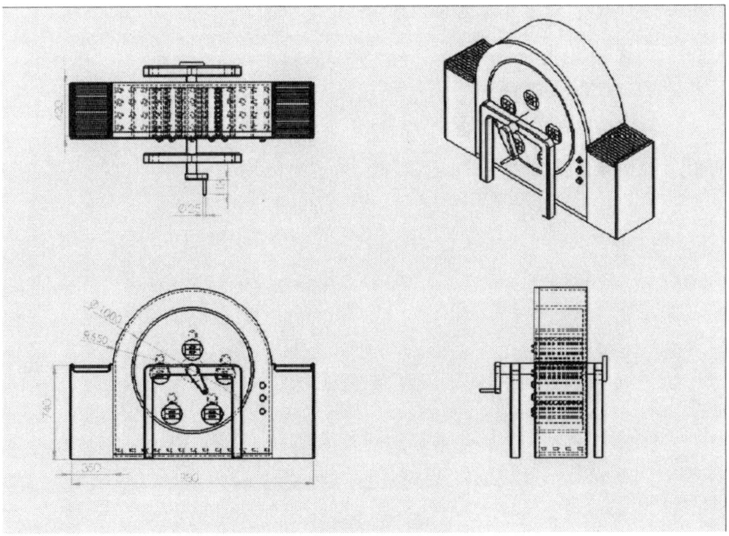 [제품설계도 3-D]

기술자문사례	소형포장 기구 메카니즘 기술지원 사례 (1)

■ 지도명 : 소형포장 기구 메카니즘 기술지원

■ 지도내용 : 소형포장 재료공급 호퍼기 기술지도 방안.
호퍼롤러 스피드를 높여 생산하고자하는 재료를 클러치로 이용하여 속도를 제어함으로써 생산성을 증가 시킬 수 있고 불필요한 프레임 길이를 단축시키고 동력 롤러 가이드롤러를 줄임으로써 불량손실을 줄이고 속도 제어조절로 연속작업이 이루어 질 수 있도록 설계를 진행 한다.

■ 추진 내용(8)

■ 공정 시스템

- 시스템 검색(진단) ⇒ 개념설계 ⇒ 상세설계 ⇒종합설계⇒ 기술도면완성 (solid work)

□ 세부기술지원
- 호퍼 헤드부분 롤러미세 두께조절
- 스피드 동력 설계
- 필름 및 부직포 풀림장치
- 유도 가이드롤러 위치 조립도 설계
- 절단기 좌우조절 설계

기술자문사례	도포기 호퍼 디자인 설계 기술지원 사례(2)

■ 지도명 : 소형포장 호퍼 디자인 설계 기술지원

■ 지도내용 :

[세부기술지원내용]

소형포장 절단부 설계는 업체와 협의 결정하고 도면 설계 후 첨부자료를 제시하였고 기존 수동생산방식를 검토하고, 도포기 약제호퍼 외부공정은 부분 수작업공정으로 이루어지고 재료를 배합하는 호퍼설계시스템의 기술지도 방안은 다음과 같다.

□ 호퍼공급장치 설계 기술지원

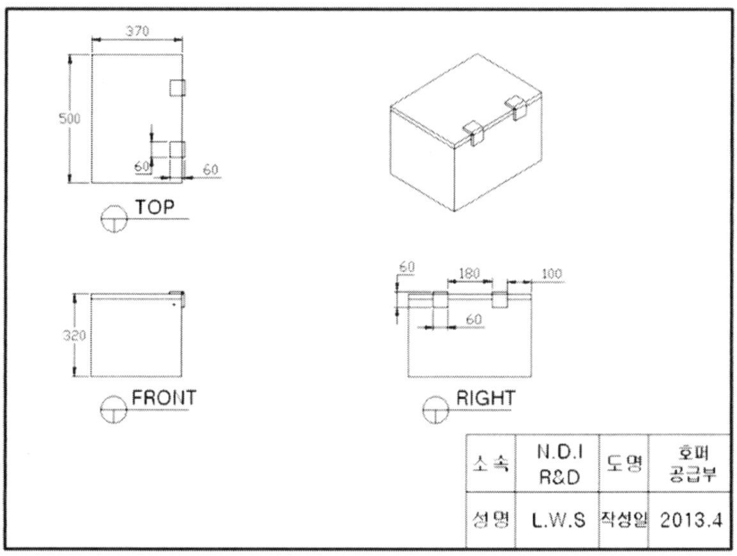

1) 호퍼공급부 설계방안 분석함
  - 공급 시스템구성분석
  - 설계방안 강구
2) 자동 및 보완 개선방안을 강구함
  - 소형포장 공급부 설계 방안
  - 호포 공급장치 설계 추진

■ 협의내용 :

기술자문사례	소형포장기 축 강도설계 기술 사례(3)

■ 지도명 : 도포기 축의 강도설계

■ 지도내용 : 도포기 축의 강도설계

구동창치 설계 기술지원과 기존 호퍼 생산공정상태 파악 기술 대안 방안/대책을 수립 하여 구동부축 설계를 진행함.

1.소형포장 축의 강도설계

① 굽힘모멘트만을 받는 차축

도포기 축설계

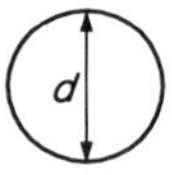

$$M = \sigma \cdot Z = \sigma_a \cdot \frac{\pi d^3}{32}$$

$$* \ d = 2.17 \sqrt[3]{\frac{M}{\sigma_a}}$$

$$= \sigma_a \cdot \frac{\pi d^3}{32} \ (1 - x4)$$

$$* \ d_2 = 2.17 \sqrt[3]{\frac{M}{\sigma_a (1 - \chi^4)}}$$

② 비틀림 moment가 작용하는 전동축.

$$T = \tau_a \cdot Zp = \tau_a \cdot \frac{\pi d^3}{16}$$

$$* \ d = 1.72 \sqrt[3]{\frac{T}{\tau_a}}$$

$$[\ H = \frac{T\omega}{75 \times 1000} = \frac{T\frac{2\pi N}{60}}{75 \times 1000} = \frac{2\pi NT}{75 \cdot 60 \cdot 1000}$$

$$* \ T = 716200 \frac{H}{N}$$

$$H' = \frac{T\omega}{102 \times 1000} \qquad * \ T = 974000 \frac{H'}{N} \ ]$$

$$T = \tau_a \cdot \frac{\pi d^3}{16} = 716200 \frac{H}{N} = 974000 \frac{H'}{N}$$

기술자문사례	동력전달 시스템설계 기술지원 사례(4)

■ 지도명 : 동력전달 시스템설계 기술지원

소형포장 동력전달 시스템설계와 동력전달 저널부 세부설계방안에 대하여 대책을 수립함.

1) 동력 저널부 설계(2-D,3-D)
2) 동력전달 시스템 설계(2-D,3-D)

■ 지도내용 :

[세부기술지원내용]

소형포장 장치 설계 방안 및 구동모터와 파우더 클러치 이용을 해서 와인더 속도제어 설계로 동기 운전 시 출발시점과 마지막 시점의 설정 및 적정 속도 파악과 구성에 따른 기구 설계추진하고 저어널설계 기술 지원

① 저어널 설계
② 동력전달 시스템 설계

Radial bearing의 강도설계

① End journal

(1). 폭경비($\frac{\ell}{d}$)

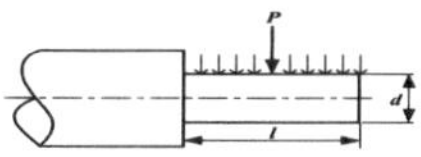

$$P\cdot\frac{\ell}{2} = M = \sigma\cdot Z = \sigma_a \frac{\pi d^3}{32}$$

$$\therefore d = \sqrt[3]{\frac{5.1P\ell}{\sigma_a}}$$

또 $P\cdot\frac{\ell}{2} = p\,d\,l\cdot\frac{\ell}{2} = \sigma_a \frac{\pi d^3}{32}$

$$\therefore \frac{\ell}{d} = \sqrt{\frac{\sigma_a}{5p}}$$

기술자문사례	히터 설계 도면 및 시작품방안 기술지원 사례 (5)

■ 지도명 : 히터 설계 도면 및 시작품방안 기술지원

■ 지도내용 :

소형포장 본체 설계도를 작성하고 소형포장설계와 도포기BODY 상세설계를 제시 함.

1)소형포장 BODY장치 설계

① 소형포장 BODY장치설계

② 유도 가이드 롤 풀림장치 설계 구조 설계

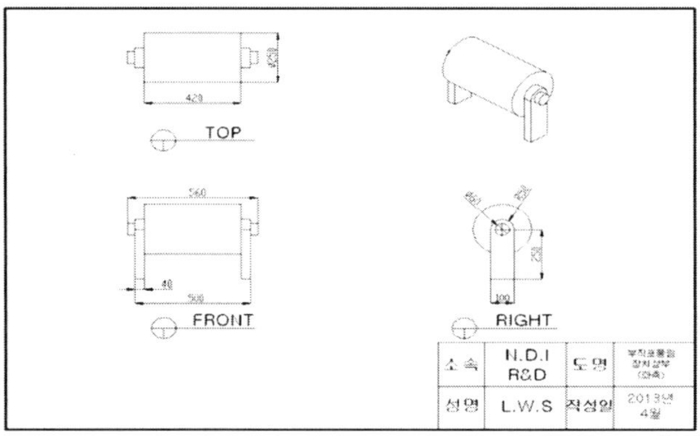

2)소형포장 장치 시스템 설계

① 소형포장 장치 상세 설계

② 소형포장 BODY장치 세부장치 설계

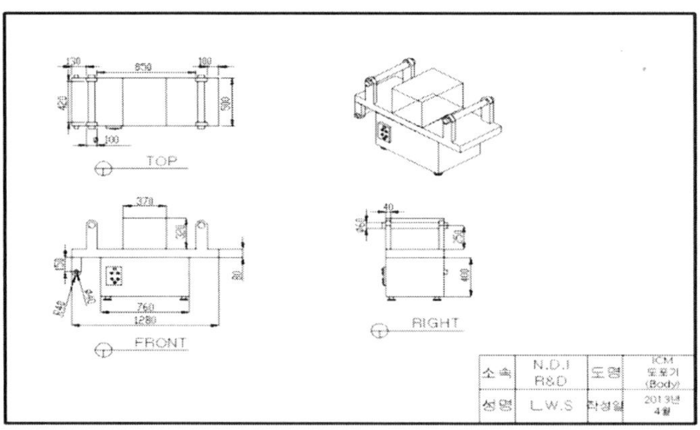

■ 협의내용: ▶

설계지원 키로 함.

기술자문사례	종합설계도면 사례 (6)

■ 지도명 : 종합기술지원 / 기술자료제시 ((2-D),(3-D))

■ 지도내용 : 종합설계도면을 작성함

1) 종합 기술 지도 자료

① 소형포장 시스템 자료

② 소형포장 시스템 기술 자료

2) 소형인쇄기 시스템

① 소형포장기 시스템 설계(2-D)

② 소형포장기 시스템 설계(3-D)

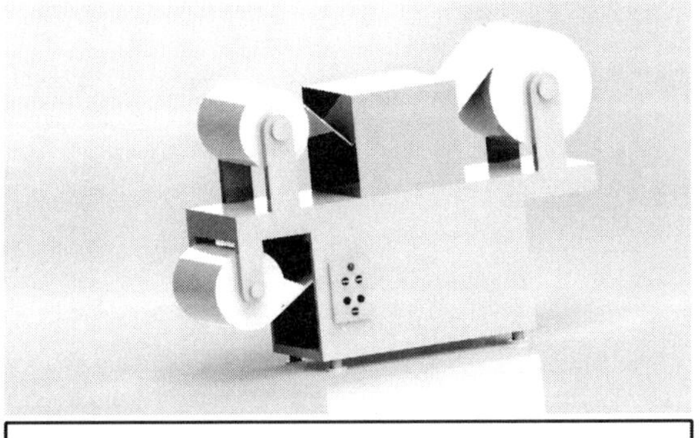

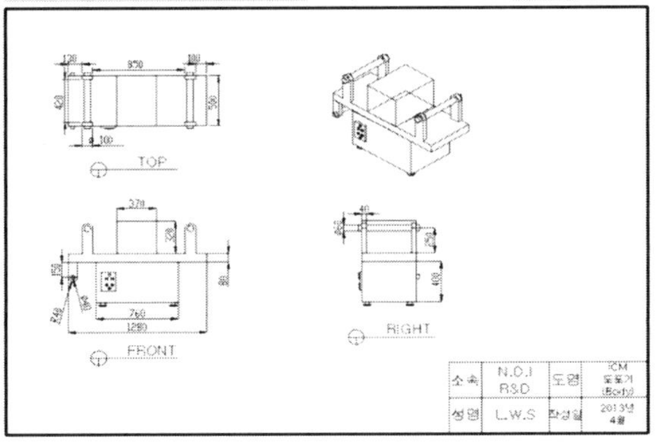

■ 협의내용: ▶

기술정보 제시

산학 포트폴리오 사례 (1)	
프로젝트명	빵틀설계제작 기술
기간	2012.07 ~ 2012.09
상세내역	1) 소속업체 : 한국대학교 2) 의뢰업체 : 한국테크 3) 목표 : 연료절약형 빵틀 기계 설계를 추진함 4) 구성원 : 지니스푸드, 강릉원주대학교 교수 및 학생 5) 참여도 : 100% 6) 담당업무 : 에너지 절약형 빵 기계 설계 7) 주요실적 : 연료 절약형 빵 설계 기술지도로 기술축적과 품질향상
설계도	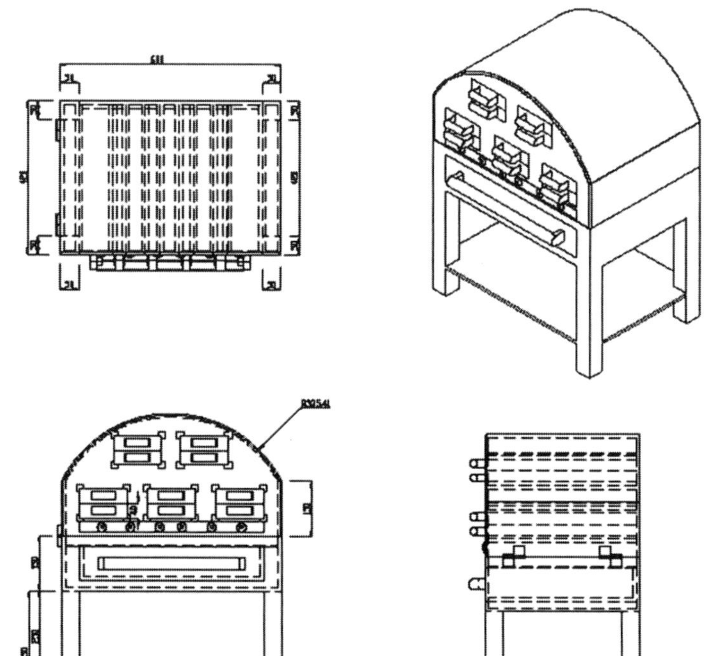

산학 포트폴리오 사례 (2)	
프로젝트명	빵틀제작 설계 개발
기간	2012.04 ~ 2012.09
상세내역	1) 소속업체 : 한국대학교 2) 의뢰업체 : 한국테크 3) 목표 : 연료절약형 빵틀 기계 설계를 추진함 4) 구성원 : 지니스푸드, 강릉원주대학교 교수 및 학생 5) 참여도 : 100% 6) 담당업무 : 에너지 절약형 빵 기계 설계 7) 주요실적 : 연료 절약형 빵 설계 기술지도로 기술축적과 품질향상
설계도	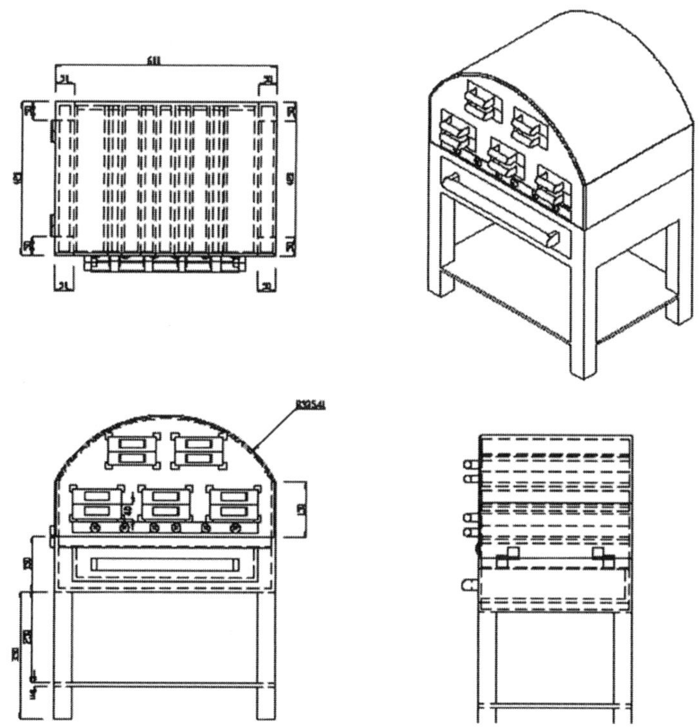

산학 포트폴리오 사례 (3)	
프로젝트명	포장 시스템 설계기술 개발
기간	2012.07 ~ 2012.09
상세내역	1) 소속업체 : 한국대학교 2) 의뢰업체 : 한국정밀 3) 목표 : 필름길이 입력 방법 개발, 필름길이연산 기술, 포장시스템 공정설계 4) 구성원 : 한국대 교수 및 학생 5) 참여도 : 100% 6) 담당업무 : 포장시스템 공정설계 7) 주요실적 : 제품의 하자발생 개선으로 생산제품 신뢰성 확보
설계도	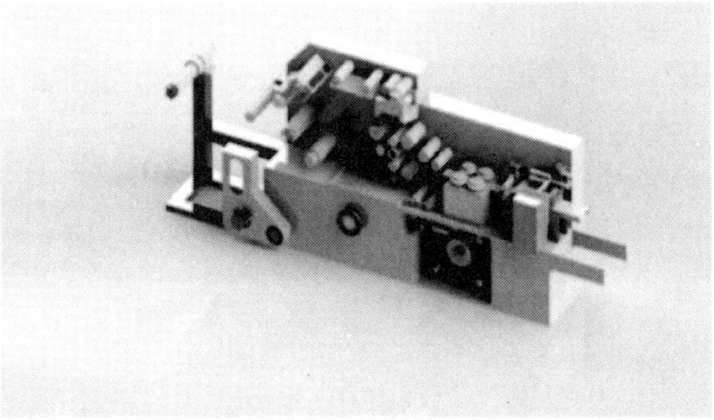 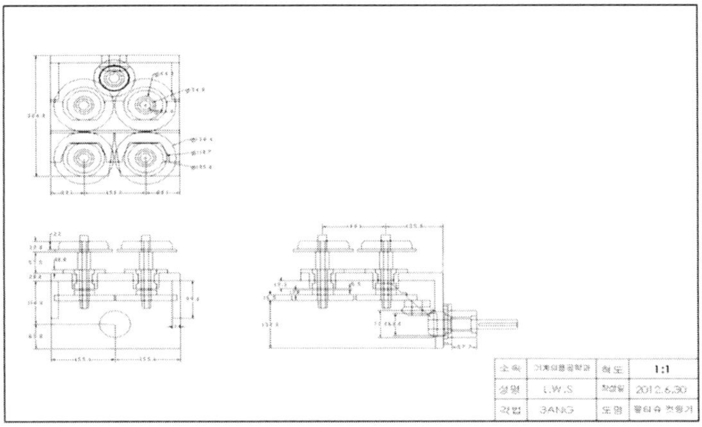

산학 포트폴리오 사례 (4)	
프로젝트명	자동클립 시스템 개발
기간	2012.07 ~ 2012.09
상세내역	1) 소속업체 : 한국대학교 2) 의뢰업체 : 한국테크 3) 목표 : 기존의 용접철망 생산 공정 중 안전성과 문제점이 많은 공정을 자동화 할수있는 용접철망 자동클립 시스템(automatic system) 개발 4) 구성원 : 한국대학교 교수 및 학생 5) 참여도 : 100% 6) 담당업무 : 자동클립 시스템 설계 (Auto CAD) 7)주요실적: 안전성, 인력소요, 생산성 등에 관한 많은 문제점을 노출한 공정을 자동화 할 수 있는 생산시스템 개발
설계도	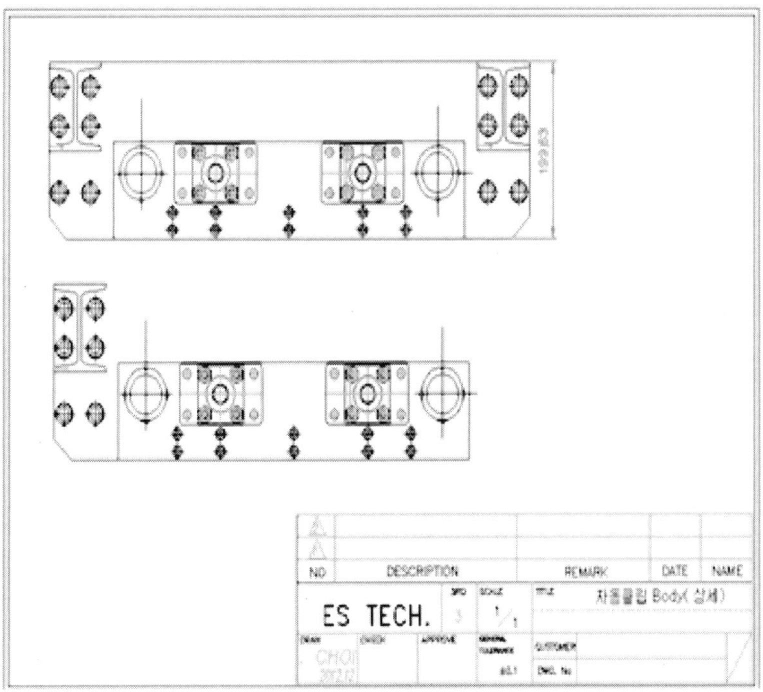

3. 실습양식

팀 회의록(1)

<table>
<tr><td>회의제목</td><td colspan="5"></td></tr>
<tr><td rowspan="2">날 짜</td><td rowspan="2">201 년 월 일</td><td>조장</td><td></td><td>기록자</td><td></td></tr>
<tr><td>참가조원</td><td colspan="3"></td></tr>
<tr><td>구 분</td><td colspan="5">회의내용</td></tr>
<tr><td>자유기술</td><td colspan="5"></td></tr>
<tr><td>결 과</td><td colspan="5"></td></tr>
</table>

팀 회의록(2)

<table>
<tr><td>회의제목</td><td colspan="5"></td></tr>
<tr><td rowspan="2">날 짜</td><td rowspan="2">201 년 월 일</td><td>조장</td><td></td><td>기록자</td><td></td></tr>
<tr><td>참가조원</td><td colspan="3"></td></tr>
<tr><td colspan="6"></td></tr>
</table>

브레인스토밍기법 내용기록표

구분	기법내용				
날 짜	201 년 월 일	조장		기록자	
		참가조원			
아이디어내용		내 용	체 크		
결과아이디어					

브레인스토밍기법 평가표

구분	창의기법내용			
날 짜	201 년 월 일		소 속	
			평가팀장	(인)
조 원		학과(전공)	학 년	성 명
	1			
	2			
	3			
	4			
	5			
주 제				

	항목 / 평점	평가기준				
1						
2						
3						
4						
5						
평가총계 (점)						

결과	아이디어 추가	
	아이디어 결과	

PMI기법 내용기록표

구분	기법내용				
날 짜	201 년 월 일	조장		기록자	
		참가조원			
아이디어내용		내 용	체 크		
결과아이디어					

PMI기법 평가표

구분	창의기법내용				
날 짜	201 년 월 일			소 속	
				평가팀장	(인)
조 원		학과(전공)	학 년	성 명	
	1				
	2				
	3				
	4				
	5				
주 제					

	항목 \ 평점	평가기준				
1						
2						
3						
4						
5						
평가총계 (점)						

결과		
	아이디어 추가	
	아이디어 결과	

체크리스트기법 내용기록표

구분	기법내용				
날 짜	201 년 월 일	조장		기록자	
		참가조원			
아이디어내용		내 용	체 크		
결과아이디어					

체크리스트기법 평가표

<table>
<tr><td>구분</td><td colspan="5">창의기법내용</td></tr>
<tr><td rowspan="2">날 짜</td><td colspan="2" rowspan="2">201 년 월 일</td><td>소 속</td><td colspan="2"></td></tr>
<tr><td>평가팀장</td><td colspan="2">(인)</td></tr>
<tr><td rowspan="6">조 원</td><td></td><td>학과(전공)</td><td colspan="2">학 년</td><td>성 명</td></tr>
<tr><td>1</td><td></td><td colspan="2"></td><td></td></tr>
<tr><td>2</td><td></td><td colspan="2"></td><td></td></tr>
<tr><td>3</td><td></td><td colspan="2"></td><td></td></tr>
<tr><td>4</td><td></td><td colspan="2"></td><td></td></tr>
<tr><td>5</td><td></td><td colspan="2"></td><td></td></tr>
<tr><td>주 제</td><td colspan="5"></td></tr>
</table>

<table>
<tr><td rowspan="2"></td><td rowspan="2">항목 / 평점</td><td colspan="5">평가기준</td></tr>
<tr><td></td><td></td><td></td><td></td><td></td></tr>
<tr><td>1</td><td></td><td></td><td></td><td></td><td></td><td></td></tr>
<tr><td>2</td><td></td><td></td><td></td><td></td><td></td><td></td></tr>
<tr><td>3</td><td></td><td></td><td></td><td></td><td></td><td></td></tr>
<tr><td>4</td><td></td><td></td><td></td><td></td><td></td><td></td></tr>
<tr><td>5</td><td></td><td></td><td></td><td></td><td></td><td></td></tr>
<tr><td colspan="2">평가총계 (점)</td><td></td><td></td><td></td><td></td><td></td></tr>
</table>

<table>
<tr><td rowspan="2">결과</td><td>아이디어 추가</td><td></td></tr>
<tr><td>아이디어 결과</td><td></td></tr>
</table>

육색사고모기법 내용기록표

구분	기법내용				
날 짜	201 년 월 일	조장		기록자	
		참가조원			
아이디어내용		내 용	체 크		
결과아이디어					

육색사고모기법 평가표

<table>
<tr><td>구분</td><td colspan="5">창의기법내용</td></tr>
<tr><td rowspan="2">날 짜</td><td colspan="2" rowspan="2">201 년 월 일</td><td>소 속</td><td colspan="2"></td></tr>
<tr><td>평가팀장</td><td colspan="2">(인)</td></tr>
<tr><td rowspan="6">조 원</td><td></td><td>학과(전공)</td><td colspan="2">학 년</td><td>성 명</td></tr>
<tr><td>1</td><td></td><td colspan="2"></td><td></td></tr>
<tr><td>2</td><td></td><td colspan="2"></td><td></td></tr>
<tr><td>3</td><td></td><td colspan="2"></td><td></td></tr>
<tr><td>4</td><td></td><td colspan="2"></td><td></td></tr>
<tr><td>5</td><td></td><td colspan="2"></td><td></td></tr>
<tr><td>주 제</td><td colspan="5"></td></tr>
</table>

<table>
<tr><td rowspan="2"></td><td rowspan="2">항목 / 평점</td><td colspan="5">평가기준</td></tr>
<tr><td></td><td></td><td></td><td></td><td></td></tr>
<tr><td>1</td><td></td><td></td><td></td><td></td><td></td><td></td></tr>
<tr><td>2</td><td></td><td></td><td></td><td></td><td></td><td></td></tr>
<tr><td>3</td><td></td><td></td><td></td><td></td><td></td><td></td></tr>
<tr><td>4</td><td></td><td></td><td></td><td></td><td></td><td></td></tr>
<tr><td>5</td><td></td><td></td><td></td><td></td><td></td><td></td></tr>
<tr><td colspan="2">평가총계 (점)</td><td></td><td></td><td></td><td></td><td></td></tr>
</table>

<table>
<tr><td rowspan="2">결과</td><td>아이디어 추가</td><td></td></tr>
<tr><td>아이디어 결과</td><td></td></tr>
</table>

개인발표양식

<table>
<tr><td>신제품명</td><td colspan="5"></td></tr>
<tr><td rowspan="2">날 짜</td><td rowspan="2">201 년 월 일</td><td>조장</td><td></td><td>기록자</td><td></td></tr>
<tr><td>참가조원</td><td colspan="3"></td></tr>
<tr><td>신제품
기술내용</td><td colspan="5">창의적설계 개인발표과제
1) 자료검색을 통한 아이디어발표

2) 발표 내용
①기존제품을 개선 아이디어
②신제품 아이디어
③특허내용 개선 아이디어

3) 발 표 형 식
①목 차
②연구 배경(개요)
③연구내용(기존제품 장단점 비교)
④결과(도면 및 결과내용)
⑤참고문헌

4) 발표시간 (2분-4분)
5) 발표일
1차 발표 : 각조마다 3명발표
2차 발표 : 나머지 조원발표</td></tr>
</table>

설계제작일지

<table>
<tr><td>제품명</td><td colspan="2"></td></tr>
<tr><td>설계추진일</td><td colspan="2">설계내용</td></tr>
<tr><td>년 월 일</td><td></td><td></td></tr>
<tr><td>년 월 일</td><td></td><td></td></tr>
</table>

브레인라이팅기법 평가표

구분	창의기법내용			
날 짜	201 년 월 일	소 속		
		평가팀장	(인)	
조 원		학과(전공)	학 년	성 명
	1			
	2			
	3			
	4			
	5			
주 제				

	항목 \ 평점	평가기준				
1						
2						
3						
4						
5						
평가총계 (점)						

결과	아이디어 추가	
	아이디어 결과	

신제품 제안서

<table>
<tr><td>신제품명</td><td colspan="12"></td></tr>
<tr><td rowspan="2">날 짜</td><td rowspan="2">201 년 월 일</td><td colspan="2">조장</td><td colspan="4"></td><td colspan="2">기록자</td><td colspan="3"></td></tr>
<tr><td colspan="2">참가조원</td><td colspan="9"></td></tr>
<tr><td rowspan="2">신제품최종 목표</td><td colspan="12">신제품 목표기술</td></tr>
<tr><td colspan="12"></td></tr>
<tr><td>기술내용</td><td colspan="12"></td></tr>
<tr><td>수행계획</td><td>일정</td><td colspan="2">1</td><td colspan="2">2</td><td colspan="2">3</td><td colspan="2">4</td><td colspan="2">5</td><td colspan="2">6</td></tr>
<tr><td rowspan="6">세부내용</td><td></td><td></td><td></td><td></td><td></td><td></td><td></td><td></td><td></td><td></td><td></td><td></td><td></td></tr>
<tr><td></td><td></td><td></td><td></td><td></td><td></td><td></td><td></td><td></td><td></td><td></td><td></td><td></td></tr>
<tr><td></td><td></td><td></td><td></td><td></td><td></td><td></td><td></td><td></td><td></td><td></td><td></td><td></td></tr>
<tr><td></td><td></td><td></td><td></td><td></td><td></td><td></td><td></td><td></td><td></td><td></td><td></td><td></td></tr>
<tr><td></td><td></td><td></td><td></td><td></td><td></td><td></td><td></td><td></td><td></td><td></td><td></td><td></td></tr>
<tr><td></td><td></td><td></td><td></td><td></td><td></td><td></td><td></td><td></td><td></td><td></td><td></td><td></td></tr>
</table>

신제품 내용

제품명	

설계제작일지

제품명		
설계추진일	설계내용	
년 월 일		
년 월 일		

제품작품수행과정표

<table>
<tr><td>제품명</td><td colspan="5"></td></tr>
<tr><td rowspan="2">날 짜</td><td rowspan="2">201 년 월 일</td><td>조장</td><td></td><td>기록자</td><td></td></tr>
<tr><td>참가조원</td><td colspan="3"></td></tr>
</table>

수번	제작과정 및 사진	제작과정 설명

최종결과물 사진(기타 결과물)

제품명	

제품설계제작 평가표

구분	창의기법내용				
날 짜	201 년 월 일		소 속		
			평가팀장	(인)	
평가자		학과(전공)	학 년	성 명	
	1				
	2				
	3				
	4				
	5				
주 제					

	항목 평점	평가기준				
1						
2						
3						
4						
5						
평가총계 (점)						
결과						

제품 결과보고서

보고서 작성방법

제1장 일반현황
①개요
②기술의 필요성
③국내외 기술현황

제2장 기술 개발 내용
①기술개발 목표
②세부개발내용
③개발방법 및 실험방법

제3장 결과
①개발 결과
②실험결과물내용(도면 , 사진, 실험내용)

과제실습양식(1)

과제실습명	

과제실습양식(2)

과제실습	실습명		년 월 일	
	성명		학번	

과제실습양식(3)

<table>
<tr><td rowspan="2">과제실습</td><td>실습명</td><td>선종류</td><td>년 월 일</td><td></td></tr>
<tr><td>성명</td><td></td><td>학번</td><td></td></tr>
<tr><td>실선</td><td colspan="4"></td></tr>
<tr><td>파선</td><td colspan="4"></td></tr>
<tr><td>1점쇄선</td><td colspan="4"></td></tr>
<tr><td>2점쇄선</td><td colspan="4"></td></tr>
</table>

특허조사

특허	제품의 주요기술 차이점 기술		
목적	선행특허	본발명	차이점요약
목적			
구성과 작용			
효과			

특허조사 실습

특허실습	특허서식에 따라 조사하고 내용을 제출하시오

이 원 섭
강릉원주대학교 기계자동차공학부 교수

실습및사례중심 **창의공학설계**

2014년 3월 15일 초판 인쇄
2014년 3월 20일 인쇄 발행

저 자 이원섭
발 행 인 송기수
발 행 처 **도서출판 GS인터비전**
편 집 처 **도서출판 GS인터비전**
인 쇄 **대일문예사**
등록번호 제 313-2011-120 호
I S B N 978-89-97231-99-7(93550)

주 소 서울 마포구 신수동 448-6
전 화 02-976-7898
팩 스 02-6468-7898
홈페이지 gsintervision.co.kr
E-Mail gsinter7@gmail.com

정가 20,000원